Achim Hecktheuer

Mesembs

mehr als nur Lithops

Mesembs
Mehr als nur Lithops

Ein kleiner Führer durch die Welt

der „lebenden Steine"

und Mittagsblumen

Bibliografische Information der Deutschen Nationalbibliothek
Die Deutsche Nationalbibliothek verzeichnet diese Publikation in der Deutschen Nationalbibliografie;
detaillierte bibliografische Daten sind im Internet über http://dnb.d-nb.de abrufbar.

Herstellung und Verlag: Books on Demand GmbH Norderstedt
Fotos, Text und Cover: Achim Hecktheuer
Standortfotos: Gerhard F. Wagner, Berlin (S. 9, 10, 24, 52, 70, 103)
  Edmund Kirschnek, Kolbermoor (S. 24)

Titelbild: Pleiospilos nellii
Foto S.3: Conophytum pellucidum

ISBN: 978-3-8370-1724-3

Inhalt

Dorotheanthus spec., einjährige Pflanzen

Mitrophyllum grande, ca. 50 Jahre in Kultur

Lithops aucampiae

Phyllobolus spec., mit typischen Wasserzellen

Faucaria tigrina mit Knospen

Glottiphyllum oligocarpum, Steytlerville

Conophytum-Hybride x seikoha

offene Samenkapseln bei Delosperma bosseranum

Einführung

Lithops, auch als „Lebende Steine" oder „Blühende Steine" bezeichnet, sind kleine, fast kugelförmige sukkulente (wasserspeichernde) Pflanzen. Diese bestehen aus nur einem verwachsenen Blattpaar, das in Form und Farbe hervorragend der natürlichen Umgebung angepasst ist.
Diese Pflanzen sind oft auch in Gartencentern oder Baumärkten zu bekommen (meist stehen sie da bei den Kakteen) und mittlerweile recht bekannt. Oft stehen da auch andere Mesembs, fälschlicherweise auch ebenso mit „Lithops" beschriftet.

Doch was sind Mesembs?

Mesembs oder auch Mesems ist die Abkürzung für die Pflanzenfamilie Mesembryanthemaceae. Der deutsche Name „Mittagsblumengewächse" bezieht sich auf das Öffnen der Blüten zur Mittagszeit. Dies trifft für viele Gattungen zu, es gibt aber auch welche, die sich erst abends oder gar nur nachts öffnen!

Manche Mesembs sind einjährig, andere wiederum können mehrere Jahrzehnte alt werden. Ebenso vielfältig ist die äußere Erscheinung der Mesembs: es gibt strauchige Arten, die durchaus größer als einen Meter werden können, aber auch kleine runde Arten, die mit 5 mm schon blühfähig und ausgewachsen sind.

Alle Mesembs sind hervorragend an aride Gebiete mit sehr geringen Niederschlagsmengen angepasst. Dies erfolgt durch Speicherung von Wasser in den Blättern, durch unterirdische Speicherorgane oder auch durch Einjährigkeit.

Allen gemeinsam sind die glänzenden strahligen Blüten, die bei den kleinen Arten den Pflanzenkörper oft völlig verdecken. Die Blüten öffnen und schließen sich täglich durch Streckungswachstum, und werden deshalb von Tag zu Tag größer. Aus den verholzenden Früchten bilden sich dann die Samenkapseln. Diese öffnen sich nur bei Regen und geben dann die Samen frei. Somit ist von der Natur gewährleistet, dass zum Keimen optimale Bedingungen vorhanden sind.

Vor einiger Zeit ist die Familie Mesembryanthemaceae in die Familie Aizoaceae (Eiskrautgewächse) eingezogen worden. Der Name „Eiskraut" rührt von den oft vorhandenen Wasserzellen auf den Blättern her, die Pflanzen sehen im Sonnenlicht wie mit Tau besetzt oder eben „vereist" aus.

Das vorliegende Büchlein soll nun dem Anfänger und Liebhaber einen Überblick über diese interessanten Pflanzen verschaffen. Nach einem allgemeinen Teil werden die einzelnen Gattungen mit ihrem natürlichem Verbreitungsgebiet und den jeweiligen Arten aufgeführt Bei den für Liebhaber interessanten Arten werden dabei noch Vegetations– und Blütezeit sowie Hinweise für die erfolgreiche Kultur angegeben.

Mein Dank gilt Herrn Uwe Beyer für die fachliche und Sandy für die „technische" Durchsicht des Manuskriptes sowie Herrn Gerhard Wagner für die Standortfotos.

Dresden, im März 2008

Herkunft und Vorkommen

Das Hauptverbreitungsgebiet der Mesembs liegt im südlichen Afrika von der Kap–Region bis nach Namibia an die Grenze zur Savanne. Einige wenige Arten kommen aber auch im Mittelmeergebiet sowie in Australien/Neuseeland vor.

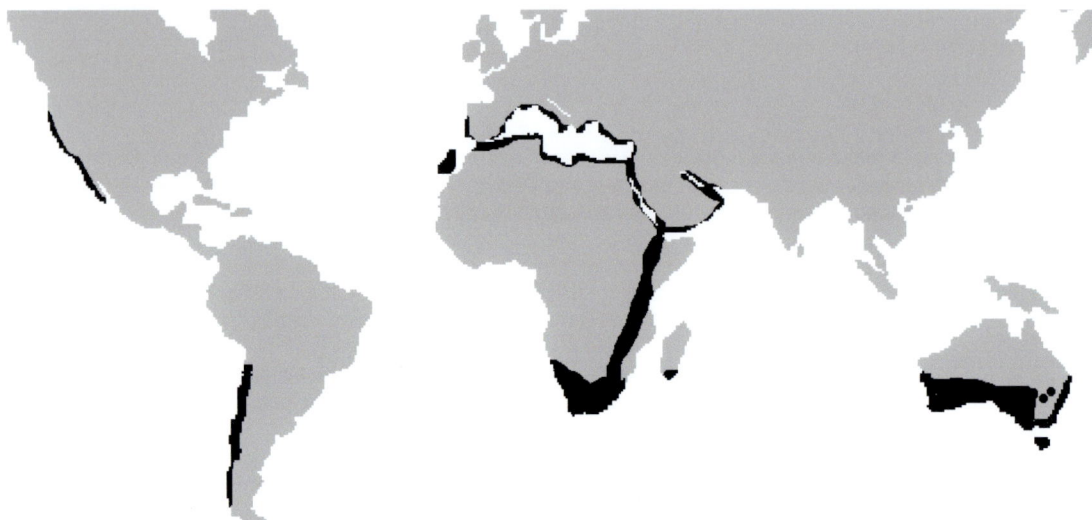

Im Folgenden werden die klimatischen und geografischen Besonderheiten im südlichen Afrika etwas ausführlicher dargestellt.
Die beiden Karten zeigen die Niederschlagsmengen sowie die Verteilung der Niederschläge im Jahresverlauf.
Das Phänomen der Winterregengebiete ist für die erfolgreiche Pflege der Pflanzen unbedingt zu beachten.

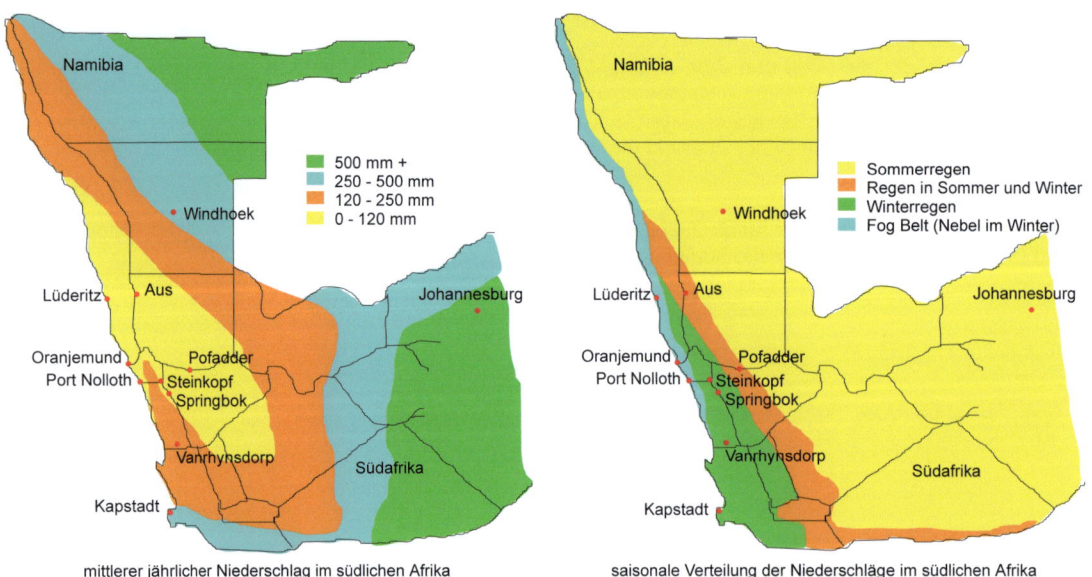

mittlerer jährlicher Niederschlag im südlichen Afrika   saisonale Verteilung der Niederschläge im südlichen Afrika

„Ein Querschnitt durch das südliche Afrika von Ost nach West ergibt das Bild eines umgekehrten Tellers: Das zentrale Hochland (grösstenteils über 1500 m hoch gelegen) bildet im Osten zum Indischen Ozean und im Westen zum Atlantik hin markante steile Randstufen („escarpments"). Diesen Randgebirgen schliesst sich eine unterschiedlich breite Küstenebene an, die im Westen vor allem aus Geröllschichten und Dünensanden (Namib) besteht." (Zitat SUPTHUT & EGGLI 1995)

Mesembs findet man in Küstennähe aber auch in Höhen von 2000 m, die größte Populationsdichte liegt in den Halbwüsten (Karoo's) sowie im Winterregengebiet. In diesem Winterregengebiet wachsen die Pflanzen zur Regenzeit, diese Eigenschaft behalten sie in Kultur bei, d.h. sie wachsen auch bei uns im Winter, wenn die Tage kürzer sind. Diese Eigenart gilt es bei der Kultur zu beachten, näheres dazu im nächsten Kapitel.

Die Westküsten sind sehr trockene Gebiete (die Namib-Wüste reicht bis direkt ans Meer), die jährlichen Niederschläge sind kaum messbar, die Pflanzen erhalten die nötige Feuchtigkeit in Form von Tau (bedingt durch die großen Temperaturunterschiede) oder durch Nebelbänke, die von der Küste ins Landesinnere ziehen.

In manchen Gegenden herrschen im Winter (Juli in der südlichen Hemisphäre) gelegentlich Minusgrade und es fällt sogar Schnee, im Sommer dagegen erreichen manche Standorte Oberflächentemperaturen von bis zu 60°C.

Größere strauchige Gattungen wachsen durchaus exponiert, kleinere Gattungen wie *Lithops* oder *Conophytum* dagegen oft in Quarzfeldern oder Gesteinsspalten. Die weißen Quarzflächen reflektieren dabei das Sonnenlicht zu einem gewissen Teil, oft sind auch die Pflanzen mit den durchscheinenden Kieseln bedeckt. Viele Gattungen ziehen sich in der Ruhezeit in den Erdboden zurück und sind dann oft mit Sand bedeckt (*Lithops*, *Fenestraria*).

Rhinephyllum sp., Great Karoo (Standortaufnahme)

Die strauchigen Gattungen werden weltweit in frostfreien Gegenden oft als dekorative Gartenpflanzen angepflanzt. Weiterhin werden Mesembs (*Carpobrotus*, *Aptenia*) auch als Bodendecker zum Verfestigen von sandigen Flächen genutzt, da sie anspruchslos bezüglich der Bewässerung sind. Als Nutzpflanzen (in der traditionellen Medizin oder auch für die Herstellung von Marmeladen) werden sie meist nur in ihrer Heimat verwendet (SMITH et al. 1998). In Europa wird „Eiskraut" (*Mesembryanthmum*) in gehobenen Restaurants angeboten, neuerdings findet man in Gartencentern auch „Neuseelandspinat" (siehe S. 124).

Gibbaeum pubescens, Little Karoo (Standortaufnahme)

Conophytum tantillum ssp. amicorum, 9km SW Steinkopf, GFW741, Standortaufnahme im August

Kultivierung

Allgemeines

Viele der in diesem Buch vorgestellten Gattungen lassen sich einfach auf dem Fensterbrett kultivieren. Da diese Pflanzen meist klein bleiben, kann man viele Arten auf geringem Raum pflegen. Wer einen Balkon oder eine Terrasse besitzt, kann im Sommer die Pflanzen auch dort aufstellen, ein Schutz vor Dauerregen ist dabei allerdings erforderlich. Falls einen irgendwann mal das „Mesemb–Fieber" packt, kommt man nicht umhin, ein Gewächshaus zu bauen. Dabei sollte schon bei der Planung an eine Heizmöglichkeit für den Winter und ausreichende Belüftung im Sommer gedacht werden.

Eine Nachahmung der natürlichen Bedingungen am Standort ist bei der Kultur nur „optisch" durch Dekoration mit Kieselsteinen möglich. Selbst die Pflege in mitgebrachtem Substrat vom Standort führt selten zum Erfolg. Wir können den Pflanzen in Kultur oft sogar bessere Bedingungen als am Standort bieten!

Je nach Gattung und Kulturbedingungen enthalten Mesembs Alkaloide wie z. B. Mesembrin sowie giftige Oxalsäure bzw. deren Salze. Die Pflanzen sind daher außer Reichweite von Kleinkindern aufzustellen.

Wachstumszeiten

Mesembs kommen von der südlichen Halbkugel, die Jahreszeiten sind damit um 6 Monate verschoben. Die in diesem Buch genannten Monatsangaben beziehen sich auf Mitteleuropa. Alle Mesembs passen sich dem anderen Rhythmus an, nur Importpflanzen haben am Anfang Probleme. Im Buch ist öfter von „Sommerwachsern" und „Winterwachsern" die Rede, exakter wäre hier „Langtagspflanzen" und „Kurztagspflanzen".

Die Wachstumszeit wird also von der Tageslänge bestimmt und nicht von den Wassergaben. Zu den Sommerwachsern gehören z. B. *Lithops* und *Faucaria*, während *Mitrophyllum* und *Conophytum* im Winter wachsen. Auf die Wachstumszeiten wird bei der jeweiligen Gattung hingewiesen.

Wasser, Temperatur und Licht

Mesembs stammen meist aus ariden Gebieten, die jährlichen Niederschläge am Standort sind sehr gering. Bedingt durch die hohe Differenz aus Tages– und Nachttemperaturen erhalten die Pflanzen ausreichend Feuchtigkeit durch den Tau. In unseren Breiten erreicht man das durch häufiges Sprühen, dabei sollte das Wasser nicht zu kalkhaltig sein, ansonsten bleiben unschöne Flecken auf den Pflanzen zurück. Das Nebeln kann früh oder abends erfolgen, jedoch sollten empfindliche Arten bis zur Nacht wieder abtrocknen. Weit verbreitet ist der Irrtum, dass von Wassertropfen durch den Brennglaseffekt bei starker Sonne Flecken entstehen. Dies ist jedoch aufgrund der Brechungszahl des Wassertropfens unmöglich.

In Kultur brauchen Mesembs viel Licht und frische Luft. Bei der Unterbringung im Gewächshaus ist auf eine gute Lüftung zu achten. Im Frühjahr ist bei starker Sonneneinstrahlung eventuell sogar eine Schattierung erforderlich, ansonsten verbrennen die Pflanzen schon innerhalb eines Tages. Ebenso ist ein Wärmestau am Südfenster für die Pflanzen oft das Ende, besser sind die Pflanzen an einer geschützten Stelle auf dem Balkon untergebracht. Frühbeetkästen oder ähnliche Behältnisse sind wegen des zu geringen Luftvolumens ungeeignet.

Auch wenn Mesembs fast aus der Wüste kommen und am Standort die Temperatur am Erdboden auch mal über 60°C steigen kann, sollten die Pflanzen bei uns im Hochsommer vor der Prallsonne etwas geschützt werden. In ihrer Heimat wachsen sie oft an Südhängen, in Gesteinsspalten oder unter Steinen verborgen. Dies sind oft weiße Quarzflächen, die das Licht stark reflektieren. Der Erdboden und damit auch die Wurzeln bleiben so relativ kühl. In Kultur ist dies bei der Aufstellung der Töpfe zu beachten: kleine schwarze Kunststofftöpfe heizen sich in der Sonne gewaltig auf, deshalb sind die Töpfe z. B. durch eine Leiste oder ähnliche Maßnahmen zu schattieren. Es können auch mehrere Töpfe in größere Schalen gesetzt werden, die Zwischenräume kann man mit grobem Kies der Natur „nachempfinden".

Während der Wachstumszeit wird in regelmäßigen Abständen „richtig" gegossen, das Substrat sollte zwischendurch immer abtrocknen. Rezepte wie „einmal die Woche einen Teelöffel Wasser" sind nicht zu empfehlen. Ein kräftiges Gießen ist dem Anstauen vorzuziehen, da ansonsten das Substrat im Laufe der Zeit mit Salzen angereichert wird. Überschüssiges Wasser ist zu entfernen, Mesembs vertragen keine „nassen Füße".

Bei rosettenförmigen Pflanzen sollte man darauf achten, dass nachts und in den Wintermonaten kein Wasser in der Rosette stehen bleibt. Das Gießwasser sollte nicht zu kalkhaltig sein, sauberes Regenwasser ist gut geeignet. Ein Ansäuern des Gießwassers kann durch Torf oder (an)organische Säuren erfolgen, dies ist aber nur dem Profi zu empfehlen und bei einer kleinen privaten Sammlung nicht sinnvoll.

Die sommerwachsenden Gattungen benötigen in der Ruhezeit im Winter kein Wasser. Günstig ist eine Temperatur von 5–12°C. Bei höheren Temperaturen ist ein gelegentliches Anfeuchten des Substrates ratsam, damit die Pflanzen nicht allzu sehr schrumpfen. Wenn möglich sind die Pflanzen im Hausflur, am Kellerfenster oder im Wintergarten kühl zu überwintern! Lithops werden erst gegossen, wenn das alte Blattpaar abgetrocknet ist. Wird zu früh gegossen, wächst das neue Blattpaar zu schnell heran, das alte Blattpaar reißt dann auf, im Extremfall tritt das neue Blattpaar seitlich heraus. Durch die Verletzung der Pflanze ist die Gefahr von Fäulnis sehr groß.

Die Winterwachser sollten bei geringem Lichtangebot auch kühl stehen, ansonsten vergeilen die Triebe zu stark. Die Wachstumszeit beschränkt sich dann auf Herbst und Frühjahr. Während der sommerlichen Ruhezeit sind die Wassergaben stark zu reduzieren, im Hochsommer hilft häufiges Nebeln in den Abendstunden.

Bei Unterbringung der Pflanzen im Gewächshaus ist im Winter die Luftfeuchte durch häufiges Lüften oder auch durch einen Luftentfeuchter zu reduzieren.

Viele Mesembs sind eigentlich keine Zimmerpflanzen, eine kühle Überwinterung und damit eine Ruhezeit ist für *Lithops* und andere Sommerwachser unbedingt nötig. Besser für die Zimmerkultur sind die winterwachsenden Arten wie z.B. *Conophytum* geeignet.

CAM

CAM steht für Crassulacean Acid Metabolism (Crassulaceen–Säurestoffwechsel), eine besonders an Trockenstandorte angepasste Form der Photosynthese. Mit Hilfe des CAM können diese Pflanzen während der Nacht CO_2 chemisch fixieren, um am Tag auf diese Reserve zurückzugreifen. Der Vorteil des CAM–Mechanismus ist, dass die Pflanze während der heißen Tagesstunden ihre Spaltöffnungen nicht zu öffnen braucht, um CO_2 in ausreichender Menge zur Verfügung zu haben, wodurch sie bedeutend weniger Wasser durch Transpiration verliert. Die Öffnung der Stomata in der Nacht bedingt, dass CAM-Pflanzen besonders häufig in Gebieten mit tiefen Nachttemperaturen und hoher Luftfeuchtigkeit (Nachtnebel) auftreten. CAM-Pflanzen sind meist Sukkulenten, bekannte Vertreter sind Kakteen und Mesembs, aber auch die heimischen *Sedum-* und *Sempervivum*-Arten. Laut neuesten Erkenntnissen (HERPICH 2004) stellt CAM keinen Vorteil bei Trockenheit dar, die Bedeutung von CAM wurde in der Vergangenheit wohl überbewertet bzw. falsch interpretiert.

Substrat und Düngung

Was nimmt man nun für Erde? Fragt man die Experten, so hat jeder seine eigene Mischung. Jeder hat natürlich auch seine „geheimen" Zutaten. Generell gilt: das Substrat muss wasser- und luftdurchlässig sein. Ein hoher Anteil an organischem Material ist unbedingt zu vermeiden. Bei den hochsukkulenten Gattungen wie *Lithops* und *Conophytum* ist ein rein mineralisches Substrat zu empfehlen. Dieses kann aus Lava, Bims, Granitgrus und grobem Sand bestehen, größere Anteile von Lehm sowie staubförmige Anteile sind dabei auszusieben. Die beste Korngröße beträgt 1–5 mm. Strauchige Gattungen wie z.B. *Delosperma* oder *Aptenia* können auch in „fettere" Erde gesetzt werden, man mischt dazu Kakteenerde zu gleichen Teilen mit grobem Sand. Einige Gattungen vertragen recht hohe ph–Werte, man sollte trotzdem immer ein leicht saures Substrat wählen, da durch kalkhaltiges Gießwasser der ph–Wert mit der Zeit ansteigt.

Obwohl viele der hochsukkulenten Gattungen in der Natur bis „zum Hals" in der Erde stecken, sind sie in Kultur zum Schutz vor Fäulnis stets höher einzupflanzen. Um dennoch ein „natürliches" Bild zu erreichen, kann man die Erde mit grobem Kies abstreuen. Gerade bei *Lithops* kann man so die Pflanzen hervorragend „tarnen". Bei der Verwendung von Quarzkies ist es nicht schlimm, wenn dabei die Pflanzen teilweise „verschüttet" werden. Da bei dem Abstreuen die Feuchtigkeit des Substrates schlecht ermittelt werden kann, rate ich Anfängern jedoch davon ab.

Große strauchige Arten benötigen mehr Nährstoffe als die kleinen hochsukkulenten Gattungen wie z.B. *Lithops*. Gedüngt wird während der Wachstumsperiode mit einem Volldünger mit 8-8-8 (NPK), es kann aber auch Kakteendünger verwendet werden. Der Anfänger sollte mit Dünger sehr vorsichtig umgehen, Mesembs können auch OHNE Dünger mehrere Jahre in einem Topf prächtig blühen und gedeihen!

Umtopfen

Umtopfen kann man praktisch zu jeder Jahreszeit. Die beste Zeit ist jedoch zu Beginn der Wachstumszeit. Neu erworbene Pflanzen topft man gleich um, der oft für die industrielle Anzucht genutzte Torf ist für die dauerhafte Kultur ungeeignet: Ist der Wurzelballen erst einmal ausgetrocknet, nimmt der Torf nur sehr schwer wieder Wasser auf, die Pflanzen vertrocknen dann. Ich empfehle das gleiche Substrat für alle Pflanzen zu nehmen, ansonsten benötigt jeder Topf sein individuelles Gießregime.

Am besten pflanzt man mehrere Pflanzen in eine Schale, die Wasserhaltung und Temperatur des Substrates ist dabei stabiler als in kleinen Töpfen. Viele Gattungen wie z. B. *Lithops* oder *Nananthus* bilden zum Teil beträchtliche Pfahl- bzw. Rübenwurzeln (siehe Bild S. 95), das Pflanzgefäß sollte daher ausreichend tief sein und Wasserabzugslöcher besitzen. Falls jede Pflanze „der Ordnung halber" in einem separaten Topf stehen soll, ist dieser nicht zu groß zu wählen, in der Natur wachsen die Pflanzen oft in Gesteinsspalten oder flachen Pfannen und sind daher an geringe Substratmengen angepasst.

Vermehrung

Aussaat

Die Samen befinden sich in den für Mesembs charakteristischen Kapseln. Die Anzahl der Samen pro Kapsel liegt zwischen 20 bis über 500, sie sind teilweise staubfein. Interessant ist der "Öffnungsmechanismus": es genügen einige Tropfen Wasser und die Kapsel öffnet sich (siehe Bild S. 6). Die Regentropfen spülen dann die Samen aus der Kapsel und sie haben ideale Bedingungen zum Keimen. Bei Trockenheit schließt sich die Kapsel wieder.

In Kultur lassen sich fast alle Mesembs einfach durch Samen vermehren, die Samen mancher Arten sind dabei auch nach 10 Jahren noch keimfähig! Die Aussaat erfolgt dabei im Frühjahr oder Herbst bei Temperaturen von 15–18°C. Bei höheren Temperaturen sinkt die Keimrate stark ab! Zur Aussaat verwendet man ein rein mineralisches Substrat, die obere Schicht kann dabei gedämpft werden. Die oft staubfeinen Samen werden einfach auf das Substrat gestreut und etwas angedrückt. Danach ist die Aussaat feucht zu halten. Dies geschieht am besten durch Anstauen der Aussaatgefäße, um ein Wegspülen der Samen durch den Wasserstrahl zu verhindern. Die meisten Arten keimen nach ca. einer Woche, falls man die Aussaat mit einer Folie o. ä. abgedeckt hat, ist diese jetzt zu entfernen. Die Sämlinge dürfen die ersten Wochen niemals austrocknen und sind gegebenenfalls mehrmals täglich einzusprühen. Die jungen Pflanzen benötigen viel Licht und frische Luft, direktes Sonnenlicht ist aber zu vermeiden. Nach Erscheinen des zweiten Blattpaares können die Sämlinge pikiert werden, jedoch ist es besser zu warten, bis sie wirklich zu eng stehen. Den ersten Winter kann die Aussaat durchkultiviert werden, eine Ruhezeit ist erst im darauf folgenden Jahr einzuhalten.

Vegetative Vermehrung

Die strauchigen Arten lassen sich während der Wachstumszeit einfach durch Stecklinge vermehren. Im Gegensatz zu Kakteen sollte die Schnittfläche nur kurz abtrocknen, danach wird der Steckling in ein leicht feuchtes rein mineralisches Substrat eingesetzt. Das gleiche gilt für die gruppenbildenden Arten der Gattung *Conophytum*. Bei der Gattung *Lithops* ist eine Teilung der Gruppen möglich, jedoch dem Anfänger nicht zu empfehlen. Eine Bewurzelung von Stecklingen ist bei *Lithops* schwieriger, ein Wurzelstück sollte nach der Teilung an jeder Pflanze noch vorhanden sein. Danach sollten sie trockener stehen, damit Wurzelverletzungen abheilen können. Frische Stecklinge sind bis zur Wurzelbildung vor starker Sonneneinstrahlung zu schützen.

Schädlinge

Neu erworbene Pflanzen sind sofort auf Schädlinge zu untersuchen, am besten, man topft sie sofort um. Als Schädlinge kommen in der Kultur Woll- und Wurzelläuse sowie Trauermücken in Frage. Ein Befall durch Spinnmilben (Rote Spinne) ist relativ selten. Häufiges Nebeln beugt einem Befall vor. Spinnmilben sind winzige Tiere, nicht zu verwechseln mit den 1–2 mm großen roten Spinnen, die manchmal über die Pflanzen laufen! Wurzel- bzw. Wollläuse sind am Gespinst leicht zu erkennen. Wollläuse lassen sich leicht mechanisch entfernen, vertrocknete Blatthüllen sind vorsichtig zu entfernen, da sie gern als Unterschlupf dienen. Bei Wurzelläusen wäscht man die Wurzeln ab und entfernt altes Substrat und kranke Wurzelstücke. Danach werden die Pflanzen wie Stecklinge behandelt. Bei starkem Befall muss man zur „chemischen Keule" greifen, zu empfehlen sind systemische Mittel (diese werden von den Pflanzen aufgenommen) mit dem Wirkstoff Imidacloprid. Der Einsatz dieser Mittel in Wohnräumen sollte jedoch die Ausnahme sein!

Fehlen eines Tages Blütenblätter oder ganze Pflanzenteile, hat sich irgendwo eine Schnecke versteckt. Besonders ärgerlich ist das im Winterquartier, da die Pflanzen oft enger gestellt werden und auch seltener inspiziert werden.

Lithops werden im Sommer gern von Vögeln angehackt oder sogar ausgegraben, hier schafft eine Abdeckung mit Maschendraht 2x2 cm Abhilfe. Fraßstellen an den Blättern vernarben bei trockener Luft schnell und sind durch den jährlichen Blattwechsel bei *Lithops* und *Conophyten* kein Problem.

Ameisen schädigen die Pflanzen meist indirekt, indem sie größere Mengen Substrat aus den Töpfen entfernen um ihre Nester zu bauen. Mit entsprechenden Mitteln lassen sie sich jedoch vertreiben. Gelegentlich tauchen auch Grabwespen auf, diese stellen jedoch keine Gefahr für die Pflanzen dar.

Fäulnis entsteht meist durch zuviel Feuchtigkeit und Nährstoffe. Die Pflanzen platzen dann auf, und die Erreger können in das Gewebe eindringen. Das gleiche gilt für Pilzerkrankungen. Betroffene Pflanzen sind oft nicht mehr zu retten, bei strauchigen oder mehrköpfigen Pflanzen kann man noch versuchen, Stecklinge zu schneiden. Generell sind befallene Pflanzen zu isolieren, vor allem in großen Schalen kann sich die Krankheit ansonsten schnell ausbreiten. Oft hilft dann nur noch ein Umtopfen der Pflanzen in frisches Substrat.

Zur Vermeidung dieser Krankheiten sind folgende Punkte zu beachten:
- weniger und nur bei warmen Wetter gießen, viel frische Luft geben
- nur selten düngen und den organischen Anteil im Substrat verringern
- neu erworbene Pflanzen in Quarantäne stellen und auf Schädlinge untersuchen

Lithops-Aussaat nach 3 Jahren

Lithops-Sämlinge 1 Monat alt

Schneckenfraß bei Lithops

wir haben Durst!

Taxonomie

Ganz ohne Wissenschaft geht es auch bei den Liebhabern von Mesembs nicht ab. Deshalb folgen hier ein paar kurze Anmerkungen, damit auch der Anfänger in den folgenden Kapiteln besser zurechtkommt.

Bei der Benennung der Pflanzen hat man sich für die alten Sprachen der Wissenschaft entschieden: Latein und Griechisch. Fälschlicherweise werden die wissenschaftlichen Pflanzennamen häufig als lateinische Pflanzennamen bezeichnet, obwohl viel mehr Wörter aus dem griechischen Sprachgebrauch stammen.

Der wissenschaftliche Name einer Pflanze besteht immer aus zwei Wörtern. Das erste Wort bezeichnet dabei die Gattung (Genus) und das zweite die Art (Species). Der Gattungsname wird stets groß geschrieben, die Artbezeichnung startet mit einem kleinen Anfangsbuchstaben. Dieses Prinzip zur Benennung von Arten wird binäre oder binominale Nomenklatur genannt. Der erste Teil ist dabei der Name der Gattung, der zweite Teil, das Epitheton, charakterisiert zusammen mit dem Ersten die Art. Carl Nilsson Linnaeus, auch Carl von Linné genannt (1707–1778), war ein schwedischer Naturwissenschaftler, der die Grundlagen der modernen Taxonomie (binominale Nomenklatur) entwickelte, das Linnésche System. Als Zusatz zu wissenschaftlichen Namen der von ihm beschriebenen Lebewesen kann sein Name mit L. abgekürzt wiedergegeben werden. Weitere Namen sind im Anhang C aufgeführt.

Überblick über die Familie Aizoaceae

Die folgende Tabelle enthält einen Überblick über die Unterfamilien und eine Einteilung in Gruppen (HARTMANN 1998):

AIZOOIDEAE	
MESEMBRYANTHEMOIDEAE *	
RUSCHIOIDEAE *	Apatesia Group
	Cleretum Group
	Mitrophyllum Group
	Delosperma Group
	Stomatium Group
	Titanopsis Group
	Dracophilus Group
	Bergeranthus Group
	Lampranthus Group
	Ruschia Group
	Leipoldtia Group
	Eberlanzia Group
SESUVIOIDEAE	
TETRAGONIOIDEA	

* Die Unterfamilie Mesembryanthemoideae wird oft mit der alten Familie Mesembryanthemaceae verwechselt. Die alte Familie Mesembryanthemaceae ist aber jetzt Bestandteil der Familie Aizoaceae. Die Gattungen sind jetzt in den Unterfamilien Mesembryanthemoideae und Ruschioideae eingeordnet.

Die wissenschaftlichen Namen der Pflanzen werden in diesem Buch *kursiv* dargestellt, gefolgt von dem Autor, der die Pflanze beschrieben hat. Durch Umkombination einzelner Gattungen und Arten kann dabei ein neuer Name aktuell sein, der Name des Erstbeschreibers steht dann in Klammern. Manchmal existieren auch Unterarten (subspecies) und Varietäten, diese werden mit ssp. oder subsp. bzw. var. oder v. abgekürzt. Wenn eine Gattung nur eine Art enthält, nennt man die Gattung monotypisch.
Bei den Bildunterschriften ist der Artname aus Platzgründen oft verkürzt angegeben, dafür ist nach dem Pflanzennamen der Fundort (falls bekannt) aufgeführt.

Unterfamilie 1 – Aizooideae

Die Mitglieder dieser Unterfamilie sind keine sukkulenten Pflanzen und werden daher hier nur der Vollständigkeit halber erwähnt.

Die Unterfamilie Aizooideae besteht aus 6 Gattungen:

Acrosanthes Ecklon & Zeyher kommt in Süd-Afrika vor.

Aizoanthemum Dinter ex. Friedrich hat zwei Vorkommensgebiete: in Nordafrika von den kanarischen Inseln bis nach Sokotra entlang der Mittelmeerküste und weiter bis nach Syrien, Armenien, Irak und Iran, sowie in Nord-Namibia und Süd-Angola.

Aizoon Linné ist ähnlich weit verbreitet: in Nordafrika von den kanarischen Inseln bis nach Sokotra entlang der Mittelmeerküste, weiterhin nach Süden bis Kenia und nach Nordosten bis Indien und Afghanistan. Ein weiteres Vorkommensgebiet liegt in Südafrika von Angola bis Simbabwe.

Galenia Linné ist im südlichen Afrika verbreitet.

Gunniopsis Pax stammt aus Australien.

Plinthus Fenzl ist in Südwest-Afrika verbreitet.

Unterfamilie 2 – Mesembryanthemoideae

Pflanzen der Unterfamilie Mesembryanthemoideae sind bis auf einige Ausnahmen selten in Kultur anzutreffen. Diese Gattungen werden nachfolgend auch etwas detaillierter beschrieben.

Die einjährigen Arten sind nur schwach sukkulent, d. h. sie brauchen regelmäßige Wassergaben. Die mehrjährigen Arten vertragen auch längere Trockenzeiten, verlieren dann aber die Blätter.

Die Gattungen *Brownanthus, Caulipsolon, Psilocaulon* und *Aspazoma* sind nicht in Kultur, da kein Samen gehandelt wird und die Pflanzen sehr heikel sind. Zwei Arten sollen hier noch besonders erwähnt werden:

Mesembryanthemum crystallinum kann man in teuren Restaurants auf dem Teller als Salat finden, und *Sceletium sp.* wird von den Naturvölkern als eine Art Kaugummi mit berauschender Wirkung verwendet!

Die Gattung *Mesembryanthemum* war die erste beschriebene Gattung der Familie. In den Erstbeschreibungen wurde damals diese Gattung für alle Mesembs verwendet. Erst später wurden dann neue Gattungen wie z.B. *Lithops* aufgestellt.

Die Unterfamilie besteht aus 11 Gattungen:

Aptenia
Aridaria
Mesembryanthemum
Phyllobolus
Prenia
Sceletium
Synaptophyllum
Brownanthus
Caulipsolon
Psilocaulon

Aspazoma

Aktueller Nachtrag:

Eine molekularbiologische Untersuchung hat ergeben, dass die bisherige Klassifikation nicht die natürlichen Verwandtschaftsbeziehungen widerspiegelt, daher werden die o. g. Gattungen alle zu einer Gattung *Mesembryanthemum* mit ca. 108 Arten zusammengefasst und nicht weiter untergliedert (KLAK 2007).

Aptenia N.E.Br.

Vorkommen:

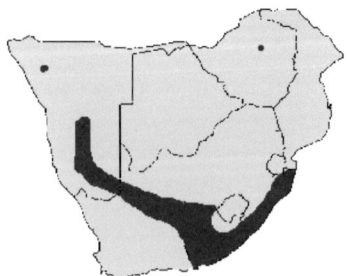

Arten:

A. cordifolia (L.f.) Schwantes
A. geniculiflora (L.) Bittrich ex Gerbaulet

A. *haeckeliana* (A. Berger) Bittrich ex Gerbaulet
A. *lancifolia* L. Bolus

Synonyme:

Litocarpus
Peratetracoilanthus
Platythyra
Tetracoilanthus
A. *cordifolia* ist eine schöne Pflanze für den Steingarten oder Balkonkasten, auch als Ampelpflanze ist sie gut geeignet. Frei ausgepflanzt kann sie beträchtliche Ausmaße erreichen und blüht den ganzen Sommer über. Die Blütenfarbe kann in Kultur variieren, ist meist aber dunkelrot. Leider sind die Pflanzen nicht frosthart, so dass sie im Winter wie Kübelpflanzen eingeräumt werden müssen. Pflanzen, die in üblichen Kakteentöpfen gehalten werden, sind bedeutend kleiner und sehen oft völlig anders aus.
Aptenia sollte man nicht in die Sammlung stellen, die Pflanzen überwuchern alles und vermehren sich rasant durch Samen.

Aridaria N.E.Br.

Vorkommen:

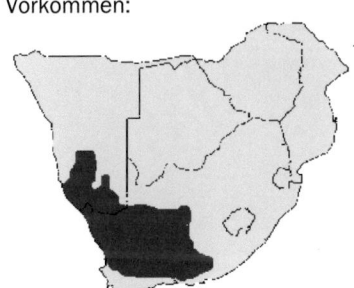

Arten:

A. *brevicarpa* L. Bolus
A. *noctiflora* ssp. *defoliata* (Haworth) Gerbaulet
A. *noctiflora* ssp. *noctiflora* (L.) Schwantes
A. *noctiflora* ssp. *straminea* (Haworth) Gerbaulet
A. *serotina* L. Bolus
A. *vespertina* L. Bolus

Synonyme:

Nycteranthus
Peratetracoilanthus

Aridaria ist selten in Kultur, manchmal begegnet man A. *noctiflora* mit nächtlichen Blüten. Die Pflanzen bilden schnell lange Triebe und sind dann recht unansehnlich.

Mesembryanthemum L.

Vorkommen:

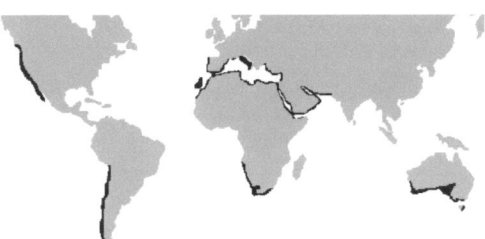

Arten:

M. *aitonis* Jacquin
M. *barklyi* N.E.Br.
M. *cryptanthum* Hooker fil.
M. *crystallinum* L.
M. *euristigmatum* Gerbaulet
M. *excavatum* L. Bolus
M. *fastigiatum* Thunberg
M. *gariusanum* Dinter
M. *guerichianum* Pax
M. *hypertrophicum* Dinter
M. *inachabense* Engler
M. *longipapillosum* Dinter
M. *longistylum* DC.
M. *nodiflorum* L.
M. *pellitum* Friedrich
M. *stenandrum* (L. Bolus) L. Bolus
M. *subtruncatum* L. Bolus

Synonyme:

Amoebophyllum
Callistigma
Cryophytum
Derenbergiella
Eurystigma
Gasoul
Halenbergia
Hydrodea
Micropterum
Nycteranthus
Opophytum
Pentacoilanthus
Perapentacoilanthus
Platythyra
Pteropentacoilanthus
Stigmatocarpum

In der alten Literatur wurde der Name *Mesembryanthemum* für alle Mesembs verwendet, näheres dazu am Anfang des Kapitels.
Die Gattung besteht aus meist ein- oder zweijährigen

Aptenia cordifolia

Phyllobolus spec.

Mesembryanthemum crystallinum

Phyllobolus (Dactylopsis) digitatus

Mesembryanthemum crystallinum

Phyllobolus spec.

Phyllobolus aff. watermeyeri, Komaggas

Prenia spec., Rooiberg, Richtersveld

Pflanzen, deren Blätter oft mit Wasserzellen übersät sind, deshalb wird *Mesembryanthemum* oft als „Eiskraut" bezeichnet.

Mesembryanthemum kommt weltweit in vielen Küstenregionen vor, ist aber dort außerhalb von Südafrika oft nur eingeschleppt.

Phyllobolus N.E.Br.

Vorkommen:

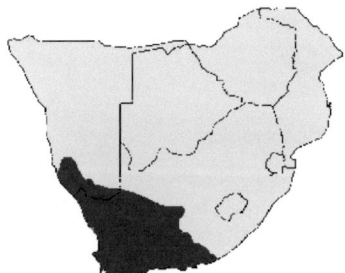

Arten:

P. abbreviatus (L. Bolus) Gerbaulet
P. amabilis Gerbaulet & Struck
P. canaliculatus (Haworth) Gerbaulet
P. caudatus (L. Bolus) Gerbaulet
P. chrysophtalmus Gerbaulet & Struck
P. congestus (L. Bolus) Gerbaulet
P. deciduus (L. Bolus) Gerbaulet
P. decurvatus (L. Bolus) Gerbaulet
P. delus (L. Bolus) Gerbaulet
P. digitatus ssp. digitatus (Aiton) Gerbaulet
P. digitatus ssp. littlewoodii (L. Bolus) Gerbaulet
P. gariepensis Gerbaulet & Struck
P. grossus (Aiton) Gerbaulet
P. herbertii (N.E.Br.) Gerbaulet
P. humilis (L. Bolus) Klak
P. latipetalus (L. Bolus) Gerbaulet
P. lignescens (L. Bolus) Gerbaulet
P. melanospermus (Dinter & Schwantes) Gerbaulet
P. nitidus (Haworth) Gerbaulet
P. oculatus (N.E.Br.) Gerbaulet
P. prasinus (L. Bolus) Gerbaulet
P. pumilus (L. Bolus) Gerbaulet
P. quartziticus (L. Bolus) Gerbaulet
P. rabiei (L. Bolus) Gerbaulet
P. resurgens (Kensit) Schwantes
P. roseus (L. Bolus) Gerbaulet
P. saturatus (L. Bolus) Gerbaulet
P. sinuosus (L. Bolus) Gerbaulet
P. spinuliferus (Haworth) Gerbaulet
P. splendens ssp. pentagonus (L. Bolus) Gerbaulet
P. splendens ssp. splendens (L.) Gerbaulet
P. suffruticosus (L. Bolus) Gerbaulet

P. tenuiflorus (Jacquin) Gerbaulet
P. trichotomus (Thunberg) Gerbaulet
P. viridiflorus (Aiton) Gerbaulet

Synonyme:

Amoebophyllum
Cryophytum
Dactylopsis
Nycteranthus
Pentacoilanthus
Perapentacoilanthus
Peratetracoilanthus
Sphalmanthus

Fast alle Arten sind Winterwachser, sie blühen im Frühjahr und haben im Sommer ihre Ruhepause. Die Blüten sind meist weißlich.

Einige Arten haben eine große Pfahlwurzel, der Topf sollte also nicht zu flach sein. Andere kann man durchaus auch als Ampelpflanze pflegen. Von diesen strauchigen Arten lassen sich auch gut Stecklinge schneiden.

In der Ruhezeit trocknen z. B. bei *P. prasinus* die Blätter ab, zurück bleibt dann nur der Stamm. Die Pflanzen sind dann trocken zu halten, bis im Herbst wieder Blätter erscheinen. Viele Arten haben auch mit bloßem Auge zu erkennende Wasserzellen auf der Blattoberfläche, so dass die Blätter silbrig glitzern.

Vor einiger Zeit wurde auch *Dactylopsis* zu *Phyllobolus* eingezogen, was aber immer noch etwas umstritten ist. In Sammlungen findet man oft noch Pflanzen mit dem Namen *Sphalmanthus*, auch diese Gattung gehört jetzt zu *Phyllobolus*.

Prenia N.E.Br.

Vorkommen:

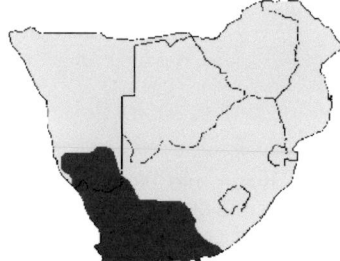

Arten:

P. englishiae (L. Bolus) Gerbaulet
P. pallens ssp. lancea (Thunberg) Gerbaulet
P. pallens ssp. lutea L. Bolus
P. pallens ssp. namaquensis Gerbaulet

P. pallens ssp. pallens (Aiton) N.E.Br.
P. radicans (L. Bolus) Gerbaulet
P. sladeniana (L. Bolus) L. Bolus
P. tetragona (Thunberg) Gerbaulet
P. vanrensburgii L. Bolus

Synonyme:

Perapentacoilanthus
Peratetracoilanthus
Platythyra
Synaptophyllum

Prenia ist nur selten in Sammlungen anzutreffen, die Pflanzen haben große, oft grau bereifte Blätter und sehen fast aus wie *Cotyledon* oder *Crassula*.

Sceletium N.E.Br.

Vorkommen:

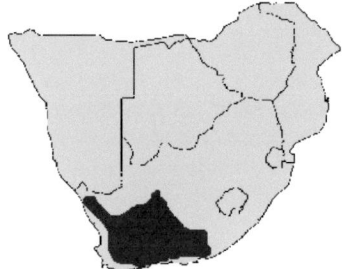

Arten:

S. crassicaule (Haworth) L. Bolus
S. emarcidum (Thunberg) L. Bolus ex Jacobsen
S. exalatum Gerbaulet
S. expansum (L.) L. Bolus
S. rigidum L. Bolus
S. strictum L. Bolus
S. tortuosum (L.) N.E.Br.
S. varians (Haworth) Gerbaulet

Synonyme:

Pentacoilanthus
Tetracoilanthus

Sceletium ist selten in Kultur, die Pflanzen bilden schnell Gruppen und haben weißliche große Blüten. Der Name *Sceletium* kommt von der skelettartigen Struktur der vertrockneten Blätter, die im Hochsommer die jungen Blätter papierartig umhüllen und damit vor Verbrennungen schützen.

Synaptophyllum N.E.Br.

Vorkommen:

Synaptophyllum ist monotypisch:

S. juttae (Dinter & A. Berger) N.E.Br.

Brownanthus Schwantes

Vorkommen:

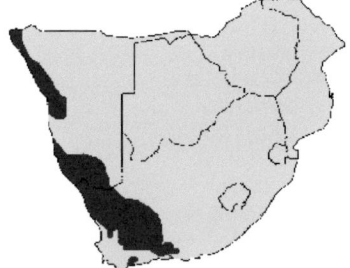

Arten:

B. arenosus (Schinz) Ihlenfeldt & Bittrich
B. ciliatus ssp. ciliatus (Aiton) Schwantes
B. ciliatus ssp. schenckii (Schinz) Ihlenfeldt & Bittrich
B. corallinus (Thunberg) Ihlenfeldt & Bittrich
B. fraternus Klak
B. glareicola Klak
B. kuntzei (Schinz) Ihlenfeldt & Bittrich
B. lignescens Klak
B. marlothii (Pax) Schwantes
B. namibensis (Marloth) Bullock
B. neglectus Pierce & Gerbaulet
B. nucifer (Ihlenfeldt & Bittrich) Pierce & Gerbaulet
B. pseudoschlichtianus Pierce & Gerbaulet
B. pubescens (N.E.Br. ex Maass) Bullock
B. schlichtianus (Sonder) Ihlenfeldt & Bittrich

Synonyme:

Pseudobrownanthus
Trichocyclus

Caulipsolon Klak

Vorkommen:

Caulipsolon ist monotypisch:

C. rapaceum (Jacquin) Klak

Die Gattung *Caulipsolon* wurde von der Gattung *Psilocaulon* abgetrennt (Anagramm!).
Caulipsolon bildet große Wurzelstöcke, aus der die einjährigen Triebe wachsen. Sehr interessante Pflanze, aber leider in Kultur nicht zu finden.

Psilocaulon N.E.Br.

Vorkommen:

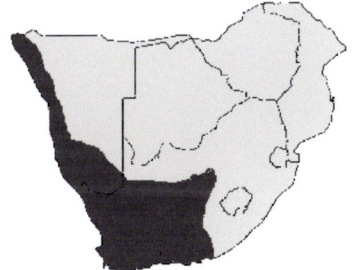

Arten:

P. articulatum (Thunberg) N.E.Br.
P. bicorne (Sonder) Schwantes
P. coriarium (Burchell ex N.E.Br) N.E.Br.
P. densum N.E.Br.
P. dimorphum (Welw. ex Oliver) N.E.Br.
P. dinteri (Engler) Schwantes
P. foliosum L. Bolus
P. gessertianum (Dinter & A. Berger) Schwantes
P. granulicaule (Haworth) Schwantes
P. junceum (Haworth) Schwantes
P. leptarthron (A. Berger) N.E.Br.
P. parviflorum (Jacquin) Schwantes
P. salicornioides (Pax) Schwantes
P. subnodosum (A. Berger) N.E.Br.

Synonyme:

Pentacoilanthus
Perapentacoilanthus
Peratetracoilanthus

P. granulicaule kommt auch in Australien vor.

Aspazoma N.E.Br.

Vorkommen:

Aspazoma ist monotypisch:

A. amplectens (L. Bolus) N.E.Br.

Sceletium tortuosum

Sceletium (vergrößerte Ansicht)

Unterfamilie 3 – Ruschioideae

Alle „richtigen" Mesembs, d. h. die Gattungen der alten Familie Mesembryanthemaceae sind jetzt in der Unterfamilie Ruschioideae eingeordnet.
Bei der Vorstellung der einzelnen Gattungen folge ich der Einteilung in Gruppen von Dr. Heidi Hartmann (HARTMANN 1998).

Die Unterfamilie besteht aus 12 Gruppen:

Apatesia–Gruppe
Cleretum–Gruppe
Mitrophyllum–Gruppe
Delosperma–Gruppe
Stomatium–Gruppe
Titanopsis–Gruppe
Dracophilus–Gruppe
Bergeranthus–Gruppe
Lampranthus–Gruppe
Ruschia–Gruppe
Leipoldtia–Gruppe
Eberlanzia–Gruppe

Jede dieser Gruppen wird im Anschluss in einem separaten Kapitel vorgestellt.

Die nebenstehende Gattung lässt sich nicht einordnen, weil die Herkunft unklar ist und die vorhandenen Informationen nicht ausreichen.

Calamophyllum Schwantes

Vorkommen: unbekannt

Arten:

C. cylindricum (Haworth) Schwantes
C. teretifolium (Haworth) Schwantes
C. teretiusculum (Haworth) Schwantes

Die Gattung *Calamophyllum* ist in der Natur nicht mehr aufzufinden, in der Originalbeschreibung ist auch kein Fundort angegeben. Zwischenzeitlich wurde diese Gattung zu *Cylindrophyllum* gestellt, dies wurde aber wieder verworfen. Möglich wäre auch eine Verwandtschaft mit *Antegibbaeum*.

Apatesia – Gruppe

Die Mehrzahl der Gattungen der Apatesia-Gruppe sind einjährig, nur *Conicosia*, *Caryotophora* und *Saphesia* sind mehrjährig. In Kultur sind die Pflanzen fast nie zu finden, obwohl sie doch sehr attraktive Blüten haben. Die Gattungen werden nur der Vollständigkeit halber aufgelistet.

Die Gruppe besteht aus 7 Gattungen:

Apatesia
Carpanthea
Conicosia
Hymenogyne

Caryotophora
Saphesia
Skiatophytum

Apatesia N.E.Br.

Vorkommen:

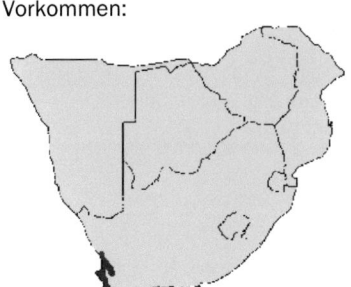

Arten:

A. helianthoides (Aiton) N.E.Br.
A. pillansii N.E.Br.
A. sabulosa (Thunberg) L. Bolus

Carpanthea N.E.Br.

Vorkommen:

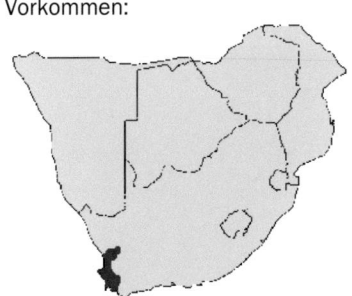

Carpanthea ist monotypisch:

C. pomeridiana (L.) N.E.Br.

Synonym: *Macrocaulon*

Conicosia N.E.Br.

Vorkommen:

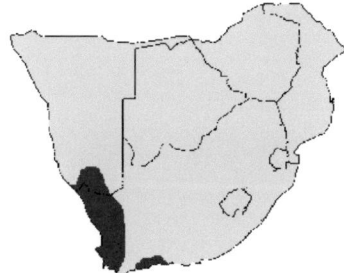

Arten:

C. elongata (Haworth) N.E.Br.
C. pugioniformis ssp. alborosea (L. Bolus) Ihlenfeld & Gerbaulet
C. pugioniformis ssp. muirii (N.E.Br.) Ihlenfeldt & Gerbaulet
C. pugioniformis ssp. pugioniformis (L.) N.E.Br.

Synonym: *Herrea*

Conicosia hat herrliche gelbe Blüten, ist aber selten in Kultur.

Hymenogyne Haworth

Vorkommen:

Arten:

H. conica L. Bolus
H. glabra (Aiton) Haworth

Synonym: *Thyrasperma*

Caryotophora Leistner

Vorkommen:

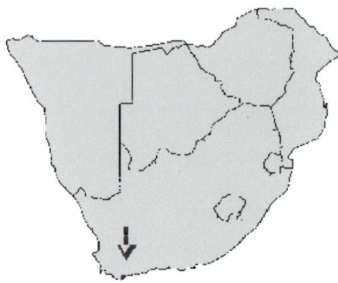

Caryotophora ist monotypisch:

C. skiatophytoides Leistner

Saphesia N.E.Br.

Vorkommen:

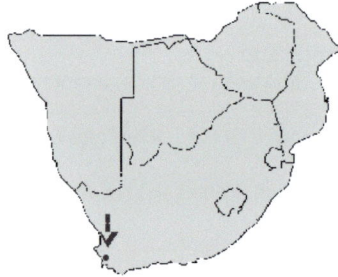

Saphesia ist monotypisch:

S. flaccida (Jacquin) N.E.Br.

Skiatophytum L. Bolus

Vorkommen:

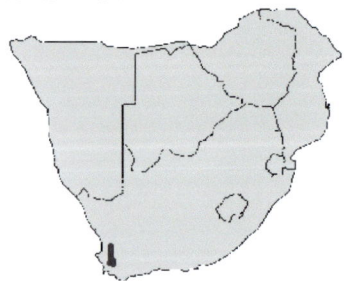

Skiatophytum ist monotypisch:

S. tripolium (L.) L. Bolus

Synonym: *Gymnopoma*

Conicosia elongata, Rondekop (Standortfoto)

Conicosia pugioniformis ssp. muirii, Stilbaai
(Standortfoto E. Kirschnek)

Carpanthea pomeridiana,
Darling Wildflower Reserve (Standortfoto)

Bergeranthus – Gruppe

Alle Pflanzen der Bergeranthus-Gruppe sind für die Kultur zu empfehlen, bis auf einzelne Ausnahmen sind sie auch für Anfänger geeignet. Sie wachsen im Sommer und haben recht große, meist gelbe Blüten, welche sich oft erst in den Abendstunden öffnen. Die Pflanzen erreichen mittlere Größe und bilden oft kleinere Gruppen.

Die Gruppe besteht aus 7 Gattungen:

Bergeranthus
Machairophyllum

Carruanthus
Hereroa
Rhombophyllum

Bijlia
Cerochlamys

Bergeranthus Schwantes

Vorkommen:

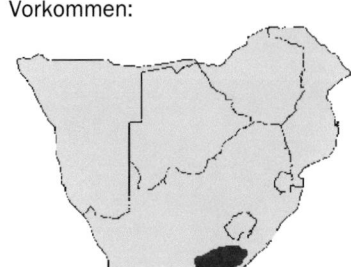

Arten:

B. addoensis L. Bolus
B. albomarginatus A. P. Dold & S. A. Hammer
B. artus L. Bolus
B. concavus L. Bolus
B. katbergensis L.Bolus
B. leightoniae L. Bolus
B. multiceps (Salm–Dyck) Schwantes
B. nanus A. P. Dold & S. A. Hammer
B. scapiger (Haworth) Schwantes
B. vespertinus (A. Berger) Schwantes

Die Pflanzen bilden kleine Gruppen und haben lang-stielige gelbe Blüten, die oft zu mehreren an einem Blütenstiel sitzen. Sie öffnen sich am Nachmittag und sind oft bis in die Abendstunden geöffnet. Während der Wachstumszeit im Sommer vertragen die Pflanzen regelmäßige Wassergaben. In der Ruhezeit

im Winter darf bei niedrigen Temperaturen von 5–12°C nur sehr wenig gegossen werden. Bei Beachtung dieser Bedingungen sind die Pflanzen auch gut für Anfänger geeignet.

Machairophyllum Schwantes

Vorkommen:

Arten:

M. acuminatum L. Bolus
M. albidum (L.) Schwantes
M. baxteri L. Bolus
M. bijliae (N.E.Br.) L. Bolus
M. brevifolium L. Bolus
M. stayneri L. Bolus
M. stenopetalum L. Bolus

Synonym: Perissolobus

Die Pflanzen werden größer als die vorgenannte Gattung, die Blüten sind ebenfalls gelb und öffnen sich zu Beginn der Dämmerung. Sie bleiben dann oft die ganze Nacht geöffnet. Zur Kultur gilt das bei Bergeranthus gesagte.

Carruanthus (Schwantes) Schwantes

Vorkommen:

Bergeranthus katbergensis, Andriesberg

Hereroa puttkameriana

Blüte von Bergeranthus spec.

Blüte von Hereroa spec.

Carruanthus ringens, Georgida

Rhombophyllum rhomboideum, Motherwell

Machairophyllum bijliae, Nuwekloof Pass

Rhombophyllum dolabriforme

Arten:

C. peersii L. Bolus
C. ringens (L.) Boom

Synonym: *Tischleria*

Junge Pflanzen von *Carruanthus* sind leicht mit *Faucaria* zu verwechseln. Die paarweise wachsenden Blätter sind ebenso gezähnt. Ältere Pflanzen werden aber größer als *Faucaria*, und die Blätter sind in Kultur meist länger. Die gelben Blüten erscheinen im Gegensatz zu *Faucaria* an langen Stielen und sind kleiner. In der Kultur ist *Carruanthus* etwas empfindlicher und nicht so häufig wie *Faucaria*. Die Blütezeit reicht vom Frühjahr bis in den Sommer hinein. *C. caninus* ist ein Synonym von *C. ringens*.

Hereroa (Schwant.) Dinter & Schwant.

Vorkommen:

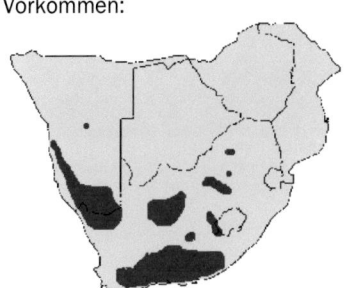

Arten:

H. acuminata L. Bolus
H. aspera L. Bolus
H. brevifolia L. Bolus
H. calycina L. Bolus
H. carinans (Haw.) Dinter & Schwantes ex Jacobsen
H. concava L. Bolus
H. crassa L. Bolus
H. fimbriata L. Bolus
H. glenensis (N.E.Br.) L. Bolus
H. gracilis L. Bolus
H. granulata (N.E.Br.) Dinter & Schwantes
H. herrei Schwantes
H. hesperantha (Dinter & A. Berger) Dinter & Schwantes
H. incurva L. Bolus
H. joubertii L. Bolus
H. latipetala L. Bolus
H. muirii L. Bolus
H. nelii Schwantes
H. odorata (L. Bolus) L. Bolus
H. pallens L. Bolus

H. puttkameriana (Dinter & A. Berger) Dinter & Schwantes
H. rehneltiana (A. Berger) Dinter & Schwantes
H. stanfordiae L. Bolus
H. stenophylla L. Bolus
H. tenuifolia L. Bolus
H. teretifolia L. Bolus
H. willowmorensis L. Bolus
H. wilmaniae L. Bolus

Synonym: *Nycteranthus*

Die Gattung *Hereroa* ist recht umfangreich, jedoch sind nur wenige Arten in den Sammlungen vertreten. Die Pflanzen bilden rasch kleine Gruppen und sind einfach in der Pflege. Wachstumszeit ist im Frühjahr und Herbst, im Winter und Hochsommer haben sie ihre Ruhezeit mit entsprechend geringerem Wasserbedarf. Die gelben Blüten erscheinen willig, bei Sämlingen oft schon im zweiten Jahr. Die Blüten öffnen sich vom Nachmittag bis in den Abend hinein. *Hereroa* kann leicht mit einigen Arten der Gattung *Peersia* (früher *Rhinephyllum*) verwechselt werden.

Rhombophyllum (Schwant.) Schwant.

Vorkommen:

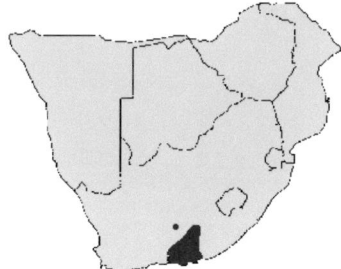

Arten:

R. albanense (L. Bolus) Hartmann
R. dolabriforme (L.) Schwantes
R. dyeri (L. Bolus) Hartmann
R. nelii Schwantes
R. rhomboideum (Salm–Dyck) Schwantes

Rhombophyllum ist sehr einfach in der Pflege, die gelben Blüten erscheinen regelmäßig und öffnen sich am späten Nachmittag.
Sehr attraktiv ist *R. dolabriforme* mit geweihartig geformten Blättern, *R. rhomboideum* bildet hingegen kleine Rosetten. Die Arten *R. albanense* und *R. dyeri* gehörten früher zu *Hereroa*.

Bijlia N.E.Br.

Vorkommen:

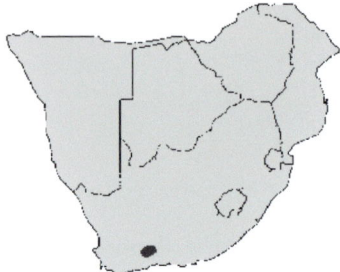

Arten:

B. *dilatata* Hartmann
B. *tugwelliae* (L. Bolus) S. A. Hammer

Synonym: *Bolusanthemum*

B. *dilatata* wächst recht gedrungen und ist in Kultur auch etwas empfindlicher als B. *tugwelliae*. Letztere ist leicht an den asymmetrischen Blattpaaren zu erkennen. Die beiden Arten von *Bijlia* blühen gelb.
Oft findet man in Kultur noch den Namen B. *cana*, dabei handelt es sich meist um B. *dilatata*.

Cerochlamys N.E.Br.

Vorkommen:

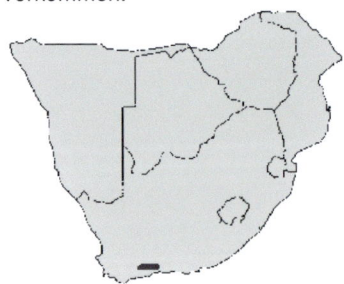

Arten:

C. *gemina* (L. Bolus) H. E. K. Hartmann
C. *pachyphylla* (L. Bolus) L. Bolus
C. *purpureostyla* (L. Bolus) H. E. K. Hartmann
C. *trigona* N.E.Br.

C. *pachyphylla* ist in den Sammlungen oft vertreten, für Anfänger aber nicht unbedingt geeignet. Bei zuvielen Wassergaben faulen die Pflanzen leicht. Von der violett blühenden C. *pachyphylla* gibt es auch eine weißblütige Form, früher als v. *albiflora* bezeichnet. *Cerochlamys* blüht in den Wintermonaten!

Bijlia dilatata

Bijlia dilatata (cana) near Prince Albert

Cerochlamys pachyphylla

Cleretum – Gruppe

Die Mitglieder dieser Gruppe sind einjährige Pflanzen und spielen in Sammlungen kaum eine Rolle. Eine Ausnahme ist *Dorotheanthus*, diese Pflanzen werden häufig in Gärten und Balkonkästen als „Mittagsblumen" kultiviert. Eine Sukkulenz ist fast nicht vorhanden, die Pflanzen besitzen meist flache Blätter. Die Pflanzen vertragen sehr viel Feuchtigkeit und einen nahrhaften Boden bzw. sollten sogar gedüngt werden.

Die Gruppe besteht aus 3 Gattungen:

Aethephyllum
Cleretum
Dorotheanthus

Aethephyllum N.E.Br.

Vorkommen:

Aethephyllum ist monotypisch:

A. *pinnatifidum* (L.f.) N.E.Br.

Synonym: *Micropterum*

Cleretum N.E.Br.

Vorkommen:

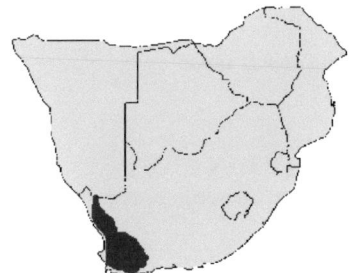

Arten:

C. *herrei* (Schwantes) Ihlenfeldt & Struck

C. *lyratifolium* Ihlenfeldt & Struck
C. *papulosum ssp. papulosum* (L. fil.) L. Bolus
C. *papulosum ssp. schlechteri* (Schwantes) Ihlenfeldt & Struck

Synonym: *Micropterum*

Dorotheanthus Schwantes

Vorkommen:

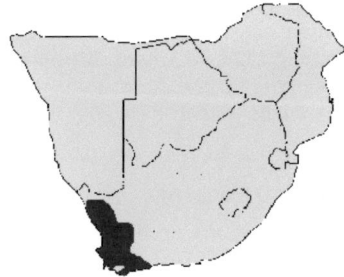

Arten:

D. *apetalus* (L. fil.) N.E.Br.
D. *bellidiformis ssp. bellidiformis* (Burman) N.E.Br.
D. *bellidiformis ssp. hestermalensis* Ihlenfeldt & Struck
D. *booysenii* L. Bolus
D. *clavatus* (Haworth) Struck
D. *maughanii* (N.E.Br.) Ihlenfeldt & Struck
D. *rourkei* L. Bolus

Synonyme:

Micropterum
Pherolobus
Sineoperculum
Stigmatocarpum

Zu diesen Arten kommen noch Dutzende Kulturformen, die oft im Handel als „Mittagsblumen" angeboten werden. Sie sind einjährig und blühen sehr üppig (siehe Bild S. 6).

Delosperma – Gruppe

Die Gattungen der Delosperma-Gruppe sind sehr häufig in Sammlungen vertreten. Fast alle sind in Kultur sehr einfach, Besonderheiten werden bei den jeweiligen Gattungen erwähnt.

Die Gruppe besteht sowohl aus strauchigen (*Delosperma*, *Trichodiadema*) als auch aus hochsukkulenten kleinbleibenden Gattungen (*Gibbaeum*). Diese sowie die kleinbleibenden Arten von *Delosperma* werden nachfolgend etwas ausführlicher behandelt.

Viele der strauchigen Arten von *Delosperma* und *Drosanthemum* werden mit der Zeit zu „Gestrüpp" oder vergeilen bei wenig Licht im Winter. Die Pflanzen kann man dann mit der Schere „zurechtstutzen", die abgeschnittenen Triebe lassen sich auch leicht bewurzeln.

Die Gruppe besteht aus 10 Gattungen:

Corpuscularia
Delosperma
Drosanthemum
Ectotropis
Malephora
Mestoklema
Trichodiadema

Oscularia

Gibbaeum
Muiria

Corpuscularia Schwantes

Vorkommen:

Arten:

C. angustifolia (L. Bolus) H.E.K.Hartmann
C. angustipetala (Lavis) H.E.K.Hartmann
C. appressa (L. Bolus) H.E.K.Hartmann
C. britteniae (L. Bolus) H.E.K.Hartmann
C. cymbiformis (Haworth) Schwantes

C. gracilis (L. Bolus) H.E.K.Hartmann
C. lehmannii (Ecklon & Zeyher) Schwantes
C. taylori (N.E.Br.) Schwantes

Synonym: *Schonlandia*

Corpuscularia, insbesondere *C. lehmannii* ist in wärmeren Gegenden eine beliebte Steingartenpflanze ähnlich *Delosperma*. *C. britteniae* ist häufig als *Delosperma britteniae* in den Sammlungen zu finden.

Delosperma N.E.Br.

Vorkommen:

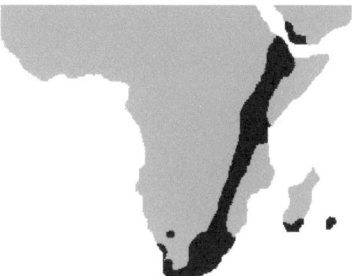

Arten:

D. aberdeenense (L. Bolus) L. Bolus
D. abyssinicum (Regel) Schwantes
D. acocksii L. Bolus
D. acuminatum L. Bolus
D. adelaidense Lavis
D. aereum (L. Bolus) L. Bolus
D. affine Lavis
D. algoense L. Bolus
D. aliwalense L. Bolus
D. alticola L. Bolus
D. annulare L. Bolus
D. ashtonii L. Bolus
D. asperulum (Salm–Dyck) L. Bolus
D. basuticum L. Bolus
D. bosseranum Marais
D. brevipetalum L. Bolus
D. brevisepalum L. Bolus
D. brunnthaleri (A. Berger) Schwantes
D. burtoniae L. Bolus
D. caespitosum L. Bolus
D. calitzdorpense L. Bolus
D. calycinum L. Bolus
D. carolinense N.E.Br.

D. carterae L. Bolus
D. clavipes Lavis
D. cloeteae Lavis
D. concavum L. Bolus
D. congestum L. Bolus
D. cooperi (Hooker fil.) L. Bolus
D. crassuloides (Haworth) L. Bolus
D. crassum (L. Bolus) L. Bolus
D. cronemeyerianum (A. Berger) Jacobsen ex Hartmann
D. davyi N.E.Br.
D. deilanthoides S. A. Hammer
D. deleeuwiae Lavis
D. denticulatum L. Bolus
D. dunense L. Bolus
D. dyeri L. Bolus
D. echinatum (Lamarck) Schwantes
D. ecklonis (Salm–Dyck) Schwantes
D. erectum L. Bolus
D. esterhuyseniae L. Bolus
D. ficksbergense Lavis
D. floribundum L. Bolus
D. framesii L. Bolus
D. fredericii Lavis
D. frutescens L. Bolus
D. galpinii L. Bolus
D. gautengense H.E.K. Hartmann
D. gerstneri L. Bolus
D. giffenii Lavis
D. gracile L. Bolus
D. gramineum L. Bolus
D. grantiae L. Bolus
D. gratiae L. Bolus
D. guthriei Lavis
D. harazianum (Deflers) Poppendieck & Ihlenfeldt
D. herbeum (N.E.Br.) N.E.Br.
D. hirtum (N.E.Br.) Schwantes
D. hollandii L. Bolus
D. imbricatum L. Bolus
D. inaequale L. Bolus
D. incomptum (Haworth) L. Bolus
D. inconspicuum L. Bolus
D. intonsum L. Bolus
D. invalidum (N.E.Br.) H.E.K. Hartmann
D. jansei N.E.Br.
D. karrooicum L. Bolus
D. katbergense L. Bolus
D. klinghardtianum (Dinter) Dinter & Schwantes
D. knox–daviesii Lavis
D. kofleri Lavis
D. lavisiae L. Bolus
D. laxipetalum L. Bolus
D. lebomboense (L. Bolus) Lavis
D. leenderitziae N.E.Br.
D. leightoniae Lavis

D. liebenbergii L. Bolus
D. lineare L. Bolus
D. litorale (Kensit) L. Bolus
D. lootsbergense Lavis
D. luckhoffii L. Bolus
D. luteum L. Bolus
D. lydenburgense L. Bolus
D. macellum (N.E.Br.) N.E.Br.
D. macrostigma L. Bolus
D. mahonii (N.E.Br.) N.E.Br.
D. mariae L. Bolus
D. maxwellii L. Bolus
D. monanthemum Lavis
D. muirii L. Bolus
D. multiflorum L. Bolus
D. nakurense (Engler) Herre
D. napiforme Schwantes
D. neethlingiae (L. Bolus) Schwantes
D. nelii L. Bolus
D. nubigenum (Schlechter) L. Bolus
D. obtusum L. Bolus
D. oehleri (Engler) Herre
D. ornatulum N.E.Br.
D. pachyrhizum L. Bolus
D. pageanum (L. Bolus) Schwantes
D. pallidum L. Bolus
D. parviflorum L. Bolus
D. patersoniae (L. Bolus) L. Bolus
D. peersii Lavis
D. peglerae L. Bolus
D. pilosulum L. Bolus
D. platysepalum L. Bolus
D. pondoense L. Bolus
D. pontii L. Bolus
D. pottsii (L. Bolus) L. Bolus
D. prasinum L. Bolus
D. pubipetalum L. Bolus
D. purpureum H.E.K. Hartmann
D. repens L. Bolus
D. reynoldsii Lavis
D. rileyi L. Bolus
D. robustum L. Bolus
D. rogersii (Schönland & Berger) L. Bolus
D. roseopurpureum Lavis
D. saturatum L. Bolus
D. saxicola Lavis
D. scabripes L. Bolus
D. schimperi (Engler) Hartmann & Niesler
D. smytheae L. Bolus
D. sphalmanthoides S. A. Hammer
D. stenandrum L. Bolus
D. steytlerae L. Bolus
D. subclavatum L. Bolus
D. subincanum (Haworth) Schwantes
D. subpetiolatum L. Bolus

D. sulcatum L. Bolus
D. sutherlandii (Hooker fil.) N.E.Br.
D. suttoniae Lavis
D. testaceum (Haworth) Schwantes
D. tradescantioides (A. Berger) L. Bolus
D. truteri Lavis
D. uitenhagense L. Bolus
D. uncinatum L. Bolus
D. uniflorum L. Bolus
D. vandermerwei L. Bolus
D. velutinum L. Bolus
D. verecundum L. Bolus
D. vernicolor L. Bolus
D. versicolor L. Bolus
D. vinaceum (L. Bolus) L. Bolus
D. virens L. Bolus
D. vogtsii L. Bolus
D. waterbergense L. Bolus
D. wethamae L. Bolus
D. wilmaniae Lavis
D. wiumii Lavis
D. zeederbergii L. Bolus
D. zoeae L. Bolus
D. zoutpansbergense L. Bolus

Innerhalb der Gattung *Delosperma* gibt es eine riesige Artenvielfalt. Nur wenige Arten sind für die Zimmerkultur geeignet. Die Mehrzahl der Arten sind richtige „Mittagsblumen" für den Garten oder Balkonkasten. Sie sollten auch nicht wie Sukkulenten behandelt werden, bei guter Drainage vertragen sie reichlich Wasser und nährstoffreiche Böden. Trockenzeiten (z. B. Urlaub) überstehen sie trotzdem mühelos. Einige Arten (vor allem die aus Lesotho) sind auch winterhart unter der Voraussetzung, dass sie nicht zu sehr gedüngt wurden und eine gute Drainage bzw. Regenschutz im Winter haben.
Im Folgenden werden nur einige kleinbleibende Arten vorgestellt.

D. cooperi bildet kleine Polster und blüht sehr üppig. Je nach Abhärtung und Klon ist sie winterhart. Bei mir hat sie im Blumenkasten bei völliger Trockenheit schon –20°C überstanden, während andere nach Dauerregen schon bei –5°C erfroren sind.

D. harazianum ist eine kleinbleibende Art aus Jemen.

D. hirtum bildet kleine Rosetten und hat wunderschöne große violette Blüten. Die Art bildet eine Rübenwurzel und ist etwas nässeempfindlich.

D. sphalmanthoides ist eine kleinbleibende polsterbildende Art. Sie ist sehr selten und neu in Kultur, die Blättchen erinnern an *Sphalmanthus* (*Phyllobo-*

lus). Die kleinen violetten Blütchen erscheinen im zeitigen Frühjahr. Die Pflanzen sollten vor großer Hitze geschützt werden.

Am Schluss sei noch *D. bosseranum* erwähnt. Diese Art hat kleine weiße Blüten und bildet eine rübenartige Wurzel aus. Ich kann sie jedem Anfänger empfehlen, da sie sich leicht aussäen lässt. Mit dieser Art kann man die Pflege von Pflanzen mit Rübenwurzeln lernen und Erfahrungen für heiklere Arten sammeln. An den willig erscheinenden Kapseln lässt sich auch gut deren Öffnungsmechanismus studieren (siehe Bild S. 6)!

Drosanthemum Schwantes

Vorkommen:

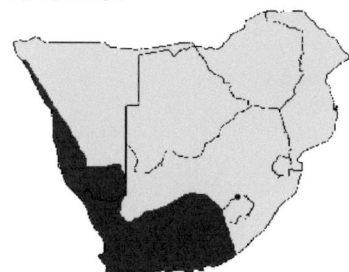

Arten:

D. acuminatum L. Bolus
D. acutifolium (L. Bolus) L. Bolus
D. albens L. Bolus
D. albiflorum (L. Bolus) Schwantes
D. ambiguum L. Bolus
D. anomalum L. Bolus
D. archeri L. Bolus
D. attenuatum (Haworth) Schwantes
D. auropurpureum (L. Bolus) L. Bolus
D. austricola L. Bolus
D. autumnale L. Bolus
D. barkerae L. Bolus
D. bellum L. Bolus
D. bicolor L. Bolus
D. breve L. Bolus
D. brevifolium (Aiton) Schwantes
D. calycinum (Haworth) Schwantes
D. candens (Haworth) Schwantes
D. capillare (Thunberg) Schwantes
D. cereale L. Bolus
D. chrysum L. Bolus
D. collinum (Sonder) Schwantes
D. comptonii L. Bolus
D. concavum L. Bolus
D. crassum L. Bolus
D. croceum L. Bolus

Corpuscularia britteniae, Coegakop

Delosperma harazianum, Yemen

Delosperma bosseranum

Drosanthemum eburneum, Smorenskadu

Delosperma hirtum

Delosperma saturatum

Delosperma sphalmanthoides, Komsberg Pass

Malephora framesii, Strandfontein

D. curtophyllum L. Bolus
D. cymiferum L. Bolus
D. delicatulum (L. Bolus) Schwantes
D. dipageae Hartmann
D. diversifolium L. Bolus
D. duplessiae L. Bolus
D. eburneum L. Bolus
D. edwardsiae L. Bolus
D. erigeriflorum (Jacquin) Stearn
D. exspersum (N.E.Br.) Schwantes
D. filiforme L. Bolus
D. flammeum L. Bolus
D. flavum (Haworth) Schwantes
D. floribundum (Haworth) Schwantes
D. fourcadei (L. Bolus) Schwantes
D. framesii L. Bolus
D. fulleri L. Bolus
D. giffenii (L. Bolus) Schwantes
D. glabrescens L. Bolus
D. globosum L. Bolus
D. godmaniae L. Bolus
D. gracillimum L. Bolus
D. hallii L. Bolus
D. hirtellum (Haworth) Schwantes
D. hispidum (L.) Schwantes
D. hispifolium (Haworth) Schwantes
D. inornatum (L. Bolus) L. Bolus
D. insolitum L. Bolus
D. intermedium (L. Bolus) L. Bolus
D. jamesii L. Bolus
D. karrooense L. Bolus
D. latipetalum L. Bolus
D. lavisii L. Bolus
D. laxum L. Bolus
D. leipoldtii L. Bolus
D. leptum L. Bolus
D. lignosum L. Bolus
D. lique (N.E.Br.) Schwantes
D. luederitzii (Engler) Schwantes
D. macrocalyx L. Bolus
D. maculatum (Haworth) Schwantes
D. marinum L. Bolus
D. mathewsii L. Bolus
D. micans (Linné) Schwantes
D. muirii L. Bolus
D. nordenstamii L. Bolus
D. oculatum L. Bolus
D. opacum L. Bolus
D. pallens (Haworth) Schwantes
D. papillatum L. Bolus
D. parvifolium (Haworth) Schwantes
D. pauper (Dinter) Dinter & Schwantes
D. pickhardii L. Bolus
D. praecultum (N.E.Br.) Schwantes
D. prostratum L. Bolus

D. pulchellum L. Bolus
D. pulchrum L. Bolus
D. pulverulentum (Haworth) Schwantes
D. quadratum Klak
D. ramosissimum (Schlechter) L. Bolus
D. salicola L. Bolus
D. schoenlandianum (Schlechter) L. Bolus
D. semiglobosum L. Bolus
D. speciosum (Haworth) Schwantes
D. splendens L. Bolus
D. stokoei L. Bolus
D. striatum (Haworth) Schwantes
D. strictifolium L. Bolus
D. subclausum L. Bolus
D. subcompressum (Haworth) Schwantes
D. subplanum L. Bolus
D. sspinosum Hartmann
D. tardum L. Bolus
D. thudichumii L. Bolus
D. tuberculiferum L. Bolus
D. vandermerwei L. Bolus
D. vespertinum L. Bolus
D. vespertinum v. *suffusum* L. Bolus
D. wittebergense L. Bolus
D. worcesterense L. Bolus
D. zygophylloides (L. Bolus) L. Bolus

Generell gilt für *Drosanthemum* das bei *Delosperma* gesagte: bunte Mittagsblumen, die nicht fürs Zimmer und nur bedingt fürs Gewächshaus geeignet sind. Leider sind die Pflanzen nicht frosthart und auch ansonsten empfindlicher als *Delosperma*.

Ectotropis N.E.Br.

Vorkommen :

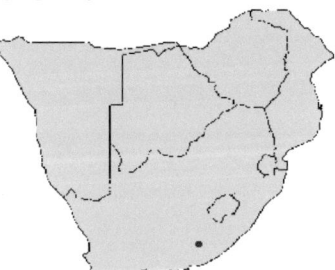

Ectotropis ist monotypisch:

E. alpina N.E.Br.

Ectotropis ist ähnlich *Delosperma*, aber viel kleiner. Die Pflanzen werden gerade mal 15 mm hoch. Die Gattung ist noch unerforscht und nicht in Kultur.

Malephora N.E.Br.

Vorkommen:

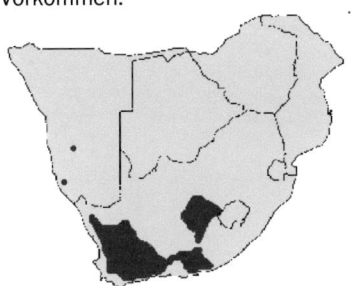

Arten:

M. crassa (L. Bolus) Jacobsen & Schwantes
M. crocea (Jacquin) Schwantes
M. engleriana (Dinter & A. Berger) Dinter & Schwantes
M. flavo–crocea (Haworth) Jacobsen & Schwantes
M. framesii (L. Bolus) Jacobsen & Schwantes
M. herrei (Schwantes) Schwantes
M. latipetala (L. Bolus) Jacobsen & Schwantes
M. lutea (Haworth) Schwantes
M. luteola (Haworth) Schwantes
M. mollis (Aiton) N.E.Br.
M. ochracea (A. Berger) Hartmann
M. purpureo–crocea (Haworth) Schwantes
M. smithii (L. Bolus) Hartmann
M. thunbergii (Haworth) Schwantes
M. uitenhagensis (L. Bolus) Jacobsen & Schwantes
M. veruculoides (Sonder) Schwantes

Synonyme:

Crocanthus
Hymenocyclus

Malephora bildet kriechende Triebe, die sich leicht bewurzeln lassen. Viele Arten sind schön grau bereift, die Blüten sind gelb oder rot. Die Gattung ist in Kultur etwas nässeempfindlich, die Pflanzen sollten im Winter trocken stehen. Im Sommer verträgt *Malephora* auch Prallsonne.

Mestoklema N.E.Br. ex Glen

Vorkommen:

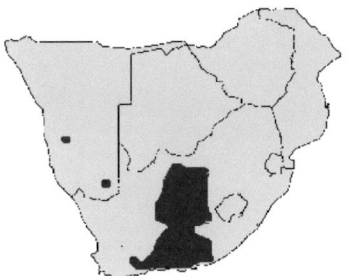

Arten:

M. albanicum N.E.Br. ex Glen
M. arboriforme (Burchell) N.E.Br. ex Glen
M. copiosum N.E.Br. ex Glen
M. elatum N.E.Br. ex Glen
M. illepidum N.E.Br. ex Glen
M. tuberosum (Linné) N.E.Br. ex Glen

M. tuberosum bildet gewaltige Wurzelstöcke aus, daher auch der Name. Die Pflanze ist als Bonsai oder Caudexpflanze beliebt, dazu setzt man die Pflanzen etwas höher in die Töpfe, sodass der obere Teil der Wurzel herausschaut. Die kleinen kupferfarbenen Blüten erscheinen zu mehreren im Sommer. In der Winterruhe sollten die Pflanzen trocken stehen.

Trichodiadema Schwantes

Vorkommen:

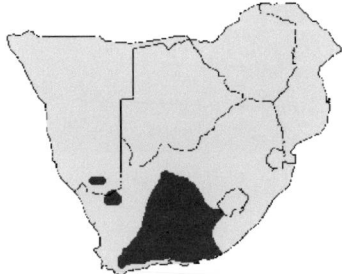

Arten:

T. attonsum (L. Bolus) Schwantes
T. aureum L. Bolus
T. barbatum (Linné) Schwantes
T. burgeri L. Bolus
T. calvatum L. Bolus
T. decorum (N.E.Br.) Stearn ex Jacobsen
T. densum (Haworth) Schwantes
T. emarginatum L. Bolus

Malephora lutea, Brandrivier

Trichodiadema densum (Nahaufnahme)

Malephora crocea, Meulsteen

Trichodiadema densum

Mestoklema arboriforme

Trichodiadema spec., Southkloof

Mestoklema tuberosum mit „Caudex"

Oscularia deltoides

T. fergusoniae L. Bolus
T. fourcadei L. Bolus
T. gracile L. Bolus
T. hallii L. Bolus
T. hirsutum (Haworth) Stearn
T. imitans L. Bolus
T. intonsum (Haworth) Schwantes
T. introrsum (Haworth ex Hooker fil.) Niesler
T. littlewoodii L. Bolus
T. marlothii L. Bolus
T. mirabile (N.E.Br.) Schwantes
T. obliquum L. Bolus
T. occidentalis L. Bolus
T. olivaceum L. Bolus
T. orientale L. Bolus
T. peersii L. Bolus
T. pomeridianum L. Bolus
T. pygmaeum L. Bolus
T. rogersiae L. Bolus
T. rupicola L. Bolus
T. ryderae L. Bolus
T. setuliferum (N.E.Br.) Schwantes
T. stayneri L. Bolus
T. strumosum (Haworth) L. Bolus

Trichodiadema, manchmal auch als „Wüstenrose" bezeichnet, ist eine typische Anfängerpflanze. Die Gattung ist leicht an den mit weißen Borsten geschmückten Blattenden zu erkennen.
Im Winter sollte *Trichodiadema* kühl und trocken stehen. Die Pflanzen bilden oft eine rübenartig verdickte Pfahlwurzel, diese erfordert ein gut durchlässiges Substrat.
T. bulbosum wird oft auch als Bonsai gepflegt, dabei wird die rübenartige Wurzel höher eingepflanzt.
T. densum bildet flache Polster, die im Frühjahr und Herbst karminrote Blüten hervorbringen.
T. mirabile ist eine weißblütige Art.

Oscularia Schwantes

Vorkommen:

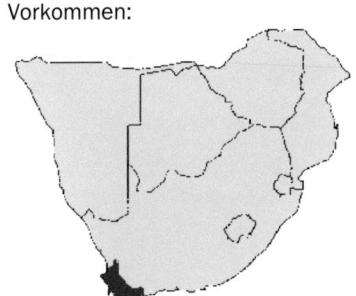

Arten:

O. alba (L. Bolus) Hartmann
O. caulescens (Miller) Schwantes
O. cedarbergensis (L. Bolus) Hartmann
O. compressa (L. Bolus) Hartmann
O. comptonii (L. Bolus) Hartmann
O. copiosa (L. Bolus) Hartmann
O. cremnophylla van Jaarsveld, Desmet & van Wyk
O. deltoides (Linné) Schwantes
O. excedens (L. Bolus) Hartmann
O. guthriae (L. Bolus) Hartmann
O. lunata (Willdenow) Hartmann
O. major (Weston) Schwantes
O. ornata (L. Bolus) Hartmann
O. paardebergensis (L. Bolus) Hartmann
O. pedunculata (N.E.Br.) Schwantes
O. piquetbergensis (L. Bolus) Hartmann
O. prasina (L. Bolus) Hartmann
O. primiverna (L. Bolus) Hartmann
O. steenbergensis (L. Bolus) Hartmann
O. superans (L. Bolus) Hartmann
O. thermarum (L. Bolus) Hartmann
O. vernicolor (L. Bolus) Hartmann
O. vredenburgensis (L. Bolus) Hartmann

Die Gattung *Oscularia* wird oft auch zu *Lampranthus* gestellt. In Kultur weit verbreitet ist *O. deltoides* mit grau bereiften Trieben und dreikantigen gezähnten Blättern. Die rosa glänzenden Blüten erscheinen im Frühjahr.

Gibbaeum (Haworth) N.E.Br.

Vorkommen:

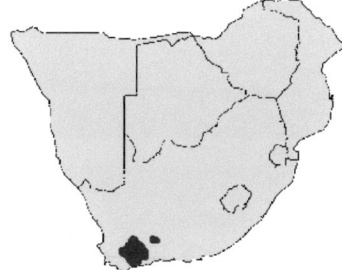

Arten:

G. album N.E.Br.
G. angulipes (L. Bolus) N.E.Br.
G. blackburniae L. Bolus
G. comptonii (L. Bolus) L. Bolus
G. dispar N.E.Br.
G. esterhuyseniae L. Bolus
G. geminum N.E.Br.
G. gibbosum (Haworth) N.E.Br.

Gibbaeum album, Springfontein

Gibbaeum schwantesii, Phisantefontein

Gibbaeum dispar

Gibbaeum shandii, Kareevlakte

Gibbaeum haaglenii (austricolum)

Gibbaeum velutinum, Brandrivier

Gibbaeum petrense

Muiria hortensae, Springfontein

G. *haaglenii* H.E.K. Hartmann
G. *heathii* (N.E.Br.) L. Bolus
G. *helmiae* L. Bolus
G. *johnstonii* van Jaarsveld & Hammer
G. *luckhoffii* L. Bolus
G. *luteoviride* (Haworth) N.E.Br.
G. *marlothii* N.E.Br.
G. *molle* N.E.Br.
G. *muirii* N.E.Br.
G. *nebrownii* Tischer
G. *nuciforme* (Haworth) Glen & H.E.K. Hartmann
G. *pachypodium* (Kensit) L. Bolus
G. *perviride* (Haworth) N.E.Br.
G. *petrense* (N.E.Br.) Tischer
G. *pilosulum* (N.E.Br.) N.E.Br.
G. *pubescens* (Haworth) N.E.Br.
G. *schwantesii* Tischer
G. *shandii* N.E.Br.
G. *velutinum* (L. Bolus) Schwantes

Synonyme:

Derenbergia
Imitaria
Mentocalyx
Rimaria

Gibbaeum gehört zu den hochsukkulenten Gattungen der Delosperma–Gruppe. Die Pflanzen benötigen das ganze Jahr über viel Licht und vorsichtige Wassergaben. Bei vielen Arten wie z. B. G. *nebrownii* (früher als *Imitaria muirii* bezeichnet) platzen die Körper bei zuviel Wasser oder hoher Luftfeuchte auf. *Gibbaeum* ist leicht an den verschieden großen Blättern zu erkennen, bei den kugeligen Arten ist dies nicht so ausgeprägt.
Die Arten mit flachen Blättern wie G. *velutinum* sind einfacher in der Pflege als die kugeligen Exemplare wie G. *heathii*. Diese bilden im Alter eine Pfahlwurzel und sind dann sehr empfindlich. Die Blüten erscheinen von Herbst bis Frühjahr und sind rot oder weiß.

Muiria N.E.Br.

Vorkommen:

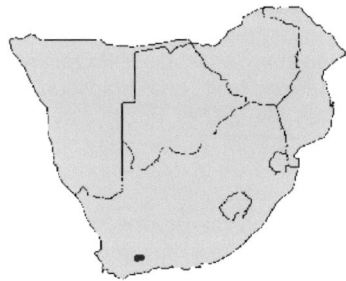

Muiria ist monotypisch:

M. *hortenseae* N.E.Br.

M. *hortenseae* ist sehr selten und ähnelt einem *Gibbaeum*. Der hochsukkulente eiförmige Körper ist mit feinen Härchen besetzt, so dass die Pflanzen samtartig aussehen. Die Pflanzen wachsen in der Natur neben *Gibbaeum album* und bilden oft Hybriden. *Muiria* ist für den Anfänger nicht geeignet.

Dracophilus – Gruppe

Diese Gruppe ist recht schwierig in der Pflege. Die Pflanzen kommen aus trockenen Gebieten, ein Zuviel an Wasser führt zum Verlust der Pflanzen. Alle Gattungen sind Winterwachser und brauchen im Sommer ihre Ruhezeit. Bei großer Hitze sollten sie öfters übersprüht werden. Im Winter brauchen die Pflanzen sehr viel Licht, was in Mitteleuropa zum Problem werden kann.

Die Gattungen der Dracophilus-Gruppe sind eventuell auch für die Fensterbankkultur geeignet. Bei ausreichend Licht stehen die Pflanzen in der Wachstumszeit im Winter warm und hell, im Sommer kann man sie dann etwas „beiseite räumen". Die Gattungen *Conophytum* und *Jensenobotrya* sind unter diesen Gesichtspunkten besser zu kultivieren als z. B. die weit verbreiteten *Lithops*.

Die Gruppe besteht aus 9 Gattungen:

Dracophilus
Hartmanthus
Jensenobotrya
Juttadinteria
Namibia
Nelia
Psammophora
Ruschianthus

Conophytum

Die Gattung *Conophytum* wird aufgrund ihrer Beliebtheit in einem separaten Kapitel vorgestellt.

Dracophilus (Schwantes) Dinter & Schwantes

Vorkommen:

Arten:

D. dealbatus (N.E.Br.) Walgate
D. delaetianus (Dinter) Dinter & Schwantes

Hartmanthus S. A. Hammer

Vorkommen:

Arten:

H. hallii (L. Bolus) S. A. Hammer
H. pergamentaceus (L. Bolus) S. A. Hammer

Die Gattung *Hartmanthus* ist selten in Kultur und wurde von *Delosperma* abgespalten. Benannt ist sie nach Frau Dr. Heidi Hartmann, sie ist in Deutschland führend bei der Erforschung der Mesembs.

Jensenobotrya Herre

Vorkommen:

Jensenobotrya ist monotypisch:

J. lossowiana Herre

Diese Art kommt nur an einem Standort (Dolphin Head) in Namibia vor. *J. lossowiana* bildet kleine Stämmchen mit fast kugeligen Blättern. Bei ausreichend Licht färben sie sich grau–violett und sehen fast wie Weintrauben aus.

Auch diese Art wächst im Winter und sollte im Sommer immer mal übersprüht werden. Die Blätter sehen im Sommer richtig „schrumpelig" aus, im Herbst füllen sie sich dann wieder, und die Pflanzen zeigen ihre weißlich–violetten Blüten. *Jensenobotrya* liebt einen warmen Standort, auch im Winter dürfen die Pflanzen nicht zu kalt stehen. Diese Art lässt sich leicht aus Samen ziehen und ist bei Beachtung der Pflegebedingungen durchaus zu empfehlen.

Juttadinteria Schwantes

Vorkommen:

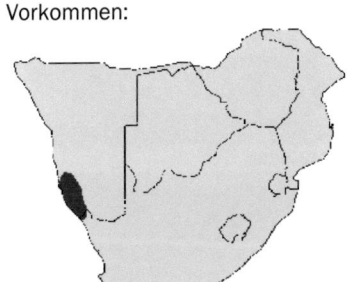

Arten:

J. albata L. Bolus
J. attenuata Walgate
J. ausensis (L. Bolus) Schwantes
J. deserticola (Marloth) Schwantes
J. simpsonii (Dinter) Schwantes

Diese Gattung ist relativ leicht aus Samen zu ziehen, ältere Pflanzen werden jedoch sehr empfindlich. *Juttadinteria* hat weiße Blüten, die in der Wachstumszeit im Herbst und Winter erscheinen. Es gibt Arten mit kugeligen Blättern und flachem Wuchs wie *J. ausensis*, aber auch kleine stämmchenbildende Arten mit gezähnten Blättern wie *J. simpsonii (früher auch J. kovismontana genannt)*.
Alle Arten dieser Gattung sind für Anfänger ungeeignet.

Namibia (Schwant.) Dinter & Schwant.

Vorkommen:

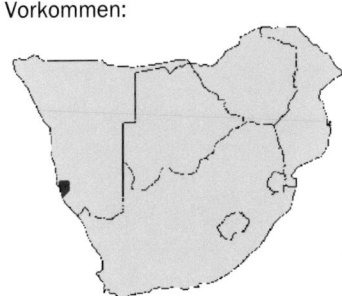

Arten:

N. cinerea (Marloth) Dinter & Schwantes
N. pomonae (Dinter) Dinter & Schwantes ex Walgate

Die Gattung *Namibia* ist eng verwand mit *Juttadinteria* und erfordert auch die gleichen Kulturbedingungen. Die Pflanzen sollten öfters besprüht werden, so dass sie nicht völlig austrocknen. Manchmal trifft man noch auf den alten Namen *N. ponderosa*, dieser ist ein Synonym von *N. cinerea*. *Namibia* ist nichts für Anfänger!

Nelia Schwantes

Vorkommen:

Arten:

N. pillansii (N.E.Br.) Schwantes
N. schlechteri Schwantes

Synonym: *Sterropetalum*

Die Gattung *Nelia* ist nicht so attraktiv wie die vorgenannte und selten in Kultur. *Nelia* wächst ebenfalls im Winter und sollte sehr trocken gehalten werden, die kleinen weißen Blüten erscheinen im Herbst.

Psammophora Dinter & Schwantes

Vorkommen:

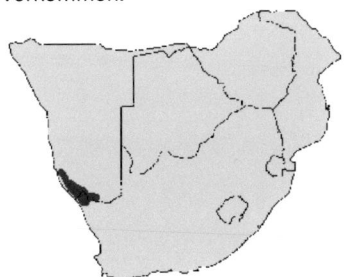

Arten:

P. longifolia L. Bolus
P. modesta (Dinter & A. Berger) Dinter & Schwantes
P. nissenii (Dinter) Dinter & Schwantes
P. saxicola Hartmann

Der Name *Psammophora* bedeutet soviel wie „Sand

tragend": die Blätter sondern einen klebrigen Saft ab, an dem in der Natur Sandkörnchen haften bleiben. Auch in unseren Breiten sind die Blätter teilweise recht klebrig. Diese Eigenschaft haben auch Arten der Gattung *Arenifera*, diese ist aber kaum in Kultur zu finden.

Die Aufzucht aus Samen ist recht einfach, ältere Pflanzen reagieren aber sehr empfindlich auf Kulturfehler und sollten auch im Sommer recht trocken gehalten werden. *Psammophora* hat weiße bis pinkfarbene Blüten.

Ruschianthus L. Bolus

Vorkommen:

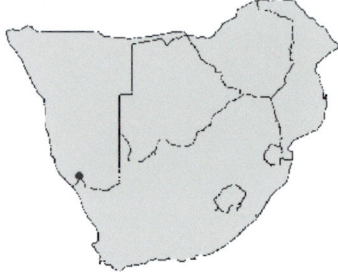

Ruschianthus ist monotypisch:

R. falcatus L. Bolus

Ruschianthus ist selten in Kultur und erinnert entfernt an ein Mitglied der Bergeranthus–Gruppe. Die Wachstumszeit von *Ruschianthus* ist jedoch im Winter, und die Blüten sind viel unscheinbarer und von weißlichgelber Farbe. Bei ausreichend Licht sehen die Pflanzen recht attraktiv aus, sind aber dem Anfänger nicht zu empfehlen.

Nelia meyeri, N Aughrabies

Juttadinteria ausensis

Namibia ponderosa

Jensenobotrya lossowiana, Dolphin Head

Psammophora longifolia, Witputz

Conophytum N.E.Br.

Die Gattung *Conophytum* ist bei Liebhabern häufig in den Sammlungen vertreten. Viele Arten sind in Kultur recht einfach zu pflegen, wenn man einige Regeln beachtet. Deshalb wird diese Gattung auch ausführlicher behandelt.

Vorkommen:

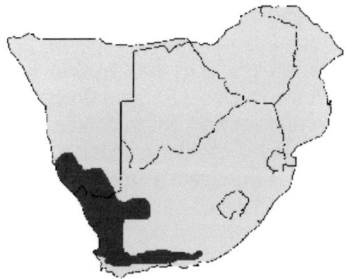

Derzeit sind etwa 101 Arten beschrieben:

C. achabense
C. acutum
C. albiflorum
C. angelicae
C. armianum
C. arthurolfago
C. auriflorum
C. bachelorum
C. bicarinatum
C. bilobum
C. blandum
C. bolusiae
C. breve
C. brunneum
C. bruynsii
C. burgeri
C. calculus
C. caroli
C. carpianum
C. chauviniae
C. chrisocruxum
C. chrisolum
C. comptonii
C. concavum
C. concordans
C. cubicum
C. depressum
C. devium
C. ectypum
C. ernstii
C. ficiforme
C. flavum

C. francoiseae
C. fraternum
C. friedrichiae
C. frutescens
C. fulleri
C. globosum
C. halenbergense
C. hammeri
C. hermarium
C. herreanthus
C. hians
C. irmae
C. jarmilae
C. joubertii
C. jucundum
C. khamiesbergense
C. klinghardtense
C. kubusanum
C. limpidum
C. lithopsoides
C. loeschianum
C. longibracteatum
C. longum
C. luckhoffii
C. lydiae
C. marginatum
C. maughanii
C. meyeri
C. minimum
C. minusculum
C. minutum
C. mirabile
C. obcordellum
C. obscurum
C. pageae
C. pellucidum
C. phoeniceum
C. piluliforme
C. praesectum
C. pubescens
C. pubicalyx
C. quaesitum
C. ratum
C. reconditum
C. regale
C. ricardianum
C. roodiae
C. rubrolineatum
C. rugosum
C. saxetanum
C. schlechteri
C. semivestitum

C. smorenskaduense
C. stephanii
C. stevens-jonesianum
C. subfenestratum
C. subterraneum
C. swanepoelianum
C. tantillum
C. taylorianum
C. tomasi
C. truncatum
C. turrigerum
C. uviforme
C. vanheerdei
C. velutinum
C. verrucosum
C. violaciflorum
C. wettsteinii

Synonyme:

Berrisfordia
Derenbergia
Herreanthus
Ophthalmophyllum

Das erste *Conophytum* wurde bereits 1738 von N. L. Burman in der Literatur erwähnt, bekannt war die Pflanze seit H. Claudius Expedition 1685. Thunberg beschrieb dann 1791 das erste *Conophytum* als *Mesembryanthemum truncatum*. 1922 stellte N. E. Brown dann die Gattung *Conophytum* auf. Bis heute wurde eine Vielzahl weiterer Arten entdeckt. Der jüngste Fund ist *C. subterraneum*. Diese Pflanze wurde 1998 von T. Smale & T. Jacobs beschrieben. Steven Hammer nahm 1993 mit dem Buch "The Genus Conophytum" eine Revision der Gattung vor, u. a. wurden die Gattungen *Berrisfordia*, *Herreanthus* und *Ophthalmophyllum* zu *Conophytum* gestellt. Dieses einzigartige Buch ist zum Standardwerk für alle Liebhaber dieser Gattung geworden. Im Jahr 2001 erschien eine Fortsetzung unter dem Titel "Dumpling and His Wife: New Views of the Genus Conophytum".
Die Pflanzen bestehen aus zwei miteinander verbundenen Blättern (Loben). Es gibt sowohl runde Formen ähnlich *Lithops* als auch ausgesprochen bilobe Formen. Manche Arten besitzen auch so genannte Fenster, besonders schön sind sie in der Sektion Ophthalmophyllum ausgebildet.
Conophyten bilden jährlich ein neues Blattpaar aus. Dies geschieht im Sommer und erfordert kaum Feuchtigkeit, das alte Blattpaar liefert die Feuchtigkeit und vertrocknet. Die papierartige Hülle der alten Blätter stellt im Sommer einen wirksamen Schutz der neuen Körperchen dar, zu Beginn der eigentlichen Wachstumszeit im Herbst werden diese Hüllen dann regelrecht gesprengt. Viele Arten sprossen und bilden mit der Zeit ansehnliche Polster. *Conophyten* blühen im Herbst und Winter in den Farben gelb, weiß, orange, lila oder auch rot.
Conophyten findet man im "normalen" Handel selten und dann fast immer unter dem Namen "Lithops". Als Faustregel gilt: *Lithops* haben auf den Blattoberseiten farbige Strukturen (Linien, Punkte usw.), *Conophyten* hingegen sind grüner und oft mit papierartigen Hüllen umgeben. Während die meisten *Lithops* eine Größe von 2,5 x 2,5 cm erreichen, gibt es viele *Conophyten* mit nur 3–5 mm großen Körperchen, aber auch Arten mit bis zu 10 cm Größe.
Das Vorkommen von *Conophyten* beschränkt sich in der Regel auf Gebiete mit winterlichen Niederschlägen. *Conophyten* sind Kurztagspflanzen, d. h. sie haben ihre Wachstumszeit von Spätsommer bis ins Frühjahr hinein. Im Sommer haben die Pflanzen ihre Ruhezeit. Es gibt Arten aus relativ feuchten Gebieten, wo die Pflanzen im Moos wachsen und sogar Schneefälle ertragen (*C. pellucidum*). Andere Arten stammen aus sehr trockenen Gebieten und vertragen keine größeren Wassergaben (*C. limpidum*).
Conophyten brauchen viel Licht und frische Luft. Bei zu hoher Luftfeuchtigkeit können die Pflanzen aufplatzen, besonders empfindlich sind die Arten in der Sektion Ophthalmophyllum. Diese Pflanzen sind auch sparsam zu gießen, da sie alles Wasser was verfügbar ist aufnehmen, und danach regelrecht platzen.
Conophyten pflanzt man am besten in eine Schale, die Wasserhaltung und Temperatur des Substrates ist dabei stabiler als in kleinen Töpfen. Im Gegensatz zu *Lithops* sind *Conophyten* Flachwurzler, die Tiefe des Pflanzgefäßes spielt keine Rolle, es sollte aber Wasserabzugslöcher besitzen.
Während der Wachstumszeit wird in regelmäßigen Abständen gegossen, besser noch gesprüht, das Substrat sollte zwischendurch immer abtrocknen. Ein Anstauen der Töpfe ist nicht zu empfehlen, das Substrat wird sonst im Laufe der Zeit mit Salzen angereichert.
In der Ruhezeit im Sommer brauchen die Pflanzen nur bei großer Hitze übersprüht zu werden, ein Schutz vor Prallsonne und hohen Temperaturen ist zu empfehlen. Normal gegossen wird erst im Spätsommer, wenn die alten Blatthüllen aufreißen.

Die Gattung *Conophytum* wird in zwei Gruppen und 15 Sektionen untergliedert (siehe Anhang B):

Tagblühende (Subgenus Derenbergia), die Blüten sind relativ groß und über die Mittagszeit geöffnet, mit den Sektionen

Biloba

Herreanthus

Ophthalmophyllum

Subfenestrata

Wettsteinia

Cylindrata

Minuscula

Pellucida

Verrucosa

sowie Nachtblühende (Subgenus Conophytum) mit meist cremefarbenen, duftenden Blüten in den Sektionen

Barbata

Cataphracta

Conophytum

Saxetana

Batrachia

Cheshire–Feles

Costata

Im folgenden werden die einzelnen Arten vorgestellt, dies geschieht nach der Zugehörigkeit zu den Sektionen, da die Pflanzen innerhalb einer Sektion sehr ähnliche Ansprüche an die Kultur haben.

Subgenus Derenbergia Schwantes

(tagblühend)

Sektion BILOBA N.E.Br.

Conophytum bilobum ssp. bilobum v. bilobum (Marloth) N.E.Br.
Typstandort: Little Namaqualand
C. bilobum ssp. bilobum v. elishae (N.E.Br.) S. A. Hammer
Typstandort: Little Namaqualand
C. bilobum ssp. bilobum v. linearilucidum (L. Bolus) S. A. Hammer
Typstandort: Little Namaqualand
C. bilobum ssp. bilobum v. muscosipapillatum (Lavis) S. A. Hammer
Typstandort: Little Namaqualand
C. bilobum ssp. altum (L. Bolus) S. A. Hammer
Typstandort: S. Brakfontein, Richtersveld
C. bilobum ssp. claviferens S. A. Hammer
Typstandort: 25 km W. Steinkopf
C. bilobum ssp. gracilistylum (L. Bolus) S. A. Hammer
Typstandort: 2,5 km S. Stinkfontein

Conophytum chauviniae (Schwantes) S. A. Hammer

Conophytum frutescens Schwantes
Typstandort: Komaggas

Conophytum meyeri N.E.Br.
Typstandort: nahe Steinkopf

Conophytum velutinum ssp. velutinum Schwantes
Typstandort: nahe Komaggas

C. velutinum ssp. polyandrum (Lavis) S. A. Hammer
Typstandort: Komaggas

Die Sektion BILOBA enthält die wohl am einfachsten zu pflegenden Arten der Gattung. Die Pflanzen blühen leicht und bilden schnell große Gruppen. Die Blüten sind meist gelb, es gibt aber auch weiß und violett blühende Arten. Sehr schöne orangerote Blüten bringt *C. frutescens* hervor. Diese Art blüht bereits im Sommer, und die Pflanzen werden sehr schnell „hochstämmig". Zusammen mit den Arten der Sektion WETTSTEINIA sind sie für den Anfänger hervorragend geeignet.

Sektion CYLINDRATA Schwantes ex S. A. Hammer

Conophytum khamiesbergense (L. Bolus) Schwantes
Typstandort: Ezelskop

Conophytum reconditum ssp. reconditum A.R.Mitchell
Typstandort: Middelpos
C. reconditum ssp. buysianum (A.R.Mitchell & S. A. Hammer) S. A. Hammer
Typstandort: Aasvoelkop

Conophytum roodiae ssp. roodiae N.E.Br.
Typstandort: Vanrhynsdorp
C. roodiae ssp. corrugatum T. Smale
C. roodiae ssp. cylindratum (Schwantes) T. Smale
C. roodiae ssp. sanguineum (S. A. Hammer) T. Smale
Typstandort: 15 km SE Garies

Conophytum rugosum S. A. Hammer
Typstandort: 20 km NNE Garies

Die Arten der Sektion CYLINDRATA sind sehr schwierig in der Pflege. Mit etwas Erfahrung ist *C. khamiesbergense* relativ einfach zu pflegen. Diese Art ist manchmal unter dem alten Namen *Berrisfordia khamiesbergensis* in den Sammlungen zu finden.

Sektion HERREANTHUS (Schwantes) S. A. Hammer

Conophytum blandum L. Bolus
Typstandort: SE Steinkopf

Conophytum herreanthus ssp. herreanthus S. A. Hammer
Typstandort: nr. Steinkopf
C. herreanthus ssp. rex S. A. Hammer
Typstandort: Klipbok, Richtersveld

C. chauviniae

C. khamiesbergense, CR1294 3km sso Leliefontein

C. frutescens

C. herreanthus

C. bilobum „leucanthum"

C. marginatum v. karamoepense, N Aggeneys

C. meyeri „puberulum"

C. blandum, ARM985 Naab se Kop

Conophytum jarmilae Halda
Typstandort: nr. Platbakkies

Conophytum marginatum ssp. marginatum Lavis
Typstandort: zwischen Springbok und Pofadder
C. marginatum ssp. haramoepense (L. Bolus)
S. A. Hammer
Typstandort: Haramoep
C. marginatum ssp. littlewoodii (L. Bolus)
S. A. Hammer
Typstandort: 16 km N Orange Rv.

Conophytum regale Lavis
Typstandort: Ratelpoort / O'okiep

Conophytum semivestitum L. Bolus
Typstandort: 3 m. N. Jackhalswater

Die Arten dieser Sektion sind nicht so verbreitet wie
die der Sektion BILOBA.
C. herreanthus ist oft noch unter dem alten Namen
Herreanthus meyeri in den Sammlungen zu finden.
C. jarmilae ist relativ neu und auch unter dem Na-
men *C. danielii* verbreitet.
C. semivestitum wurde seit der Beschreibung im
Jahre 1936 nicht wieder gefunden.

Sektion MINUSCULA (Schwantes) Tischer ex S. A. Hammer

Conophytum albiflorum (Rawé) S. A. Hammer
Typstandort: Kasteelberg, Paternoster

Conophytum auriflorum ssp. auriflorum Tischer
Typstandort: nr. Steinkopf
C. auriflorum ssp. turbiniforme (Rawé) S. A. Hammer
Typstandort: Spektakel Pass

Conophytum bicarinatum L. Bolus
Typstandort: nr. Ceres

Conophytum brunneum S. A. Hammer
Typstandort: nr. Nuwerus

Conophytum bruynsii S. A. Hammer
Typstandort: Arizona, Knersvlakte

Conopytum cubicum Pavelka
Typstandort: 20 km NE Eksteenfontein

Conophytum ectypum ssp. ectypum N.E.Br.
Typstandort: nr. Steinkopf
C. ectypum ssp. brownii (Tischer) S. A. Hammer
Typstandort: nr. Steinkopf

C. ectypum ssp. cruciatum S. A. Hammer
Typstandort: W. Anenous Pass
C. ectypum ssp. ignavum S. A. Hammer
Typstandort: N. Kangnas
C. ectypum ssp. sulcatum (L. Bolus) S. A. Hammer
Typstandort: 24 m. S Vioolsdrift

Conophytum fulleri L. Bolus
Typstandort: nr. Kakamas

Conophytum irmae S. A. Hammer & Barnhill
Typstandort: W. Anenous Pass

Conophytum longibracteatum L. Bolus
Typstandort: Komaggas

Conophytum luckhoffii Lavis
Typstandort: nr. Citrusdal

Conophytum minusculum ssp. minusculum (N.E.Br.)
N.E.Br.
Typstandort: nr. Clanwilliam
C. minusculum ssp. aestiflorens S. A. Hammer &
T.C. Smale
Typstandort: Katbakkies
C. minusculum ssp. leipoldtii (N.E.Br.) S. A. Hammer
Typstandort: nr. Clanwilliam

Conophytum mirabile A.R.Mitchell & S. A. Hammer
Typstandort: nr. Springbok

Conophytum swanepoelianum ssp. swanepoelianum
Rawé
Typstandort: Lokenburg, Calvinia
C. swanepoelianum ssp. proliferans S. A. Hammer
Typstandort: Vanrhynspass
C. swanepoelianum ssp. rubrolineatum (Rawé)
S. A. Hammer
Typstandort: Kobeberge nr. Oorlogsfontein

Conophytum tantillum ssp. tantillum N.E.Br.
Typstandort: w. Gamoep
C. tantillum ssp. amicorum S. A. Hammer & Barnhill
Typstandort: S. Steinkopf
C. tantillum ssp. eenkokerense (L. Bolus)
S. A. Hammer
Typstandort: nr. Kosies
C. tantillum ssp. heleniae (Rawé) S. A. Hammer
Typstandort: nr. Kosies
C. tantillum ssp. inexpectatum S. A. Hammer
Typstandort: Wyepoort River Valley, Umdaus
C. tantillum ssp. lindenianum (Lavis & S. A. Hammer)
S. A. Hammer
Typstandort: Spektakel, Kliphuisbank

C. auriflorum ssp. turbiniforme, Spektakel Mine

C. luckhoffii, Haarwegskloof, Clanwilliam

C. ectypum, ARM753 Eselsfontein

C. minusculum, die Blüten verdecken die Pflanzen

C. ectypum ssp. brownii, CR1367 W ft Narapberg

gleiche Pflanze wie oben, vergrößert

C. fulleri, noch völlig von alten Blatthüllen umgeben

C. tantillum ssp. helenae, RR1635 Kosies

Conophytum tomasi Halda
Typstandort: 30 km E Garies

Conophytum turrigerum (N.E.Br.) N.E.Br.
Typstandort: Malmesbury

Conophytum violaciflorum Schick & Tischer
Typstandort: nr. Springbok

Die Arten der Sektion MINUSCULA sind in Kultur weit verbreitet.
Die größeren Arten wie *C. tantillum* und *C. ectypum* sind sehr einfach zu pflegen. Die kleinen Arten wie *C. minusculum* und *C. swanepoelianum* erfordern etwas „Fingerspitzengefühl", sie sind im Sommer öfters zu befeuchten. *C. fulleri* (gehörte früher in die Sektion VERRUCOSA) und *C. ectypum* sind in der Ruhezeit völlig von den papierartigen Blattresten umhüllt, diese dienen dem Schutz vor starker Sonneneinstrahlung und sind nicht zu entfernen.
C. tomasi ist auch unter dem alten Namen *C. hanae* bekannt.

Sektion OPHTHALMOPHYLLUM (Dinter & Schwantes) S. A. Hammer

Conophytum caroli Lavis
Typstandort: 160 km SE Springbok

Conophytum concordans Rowley
Typstandort: Brakfontein

Conophytum devium ssp. devium Rowley
Typstandort: S. Vioolsdrift
C. devium ssp. stiriiferum S. A. Hammer & Barnhill
Typstandort: NE Steinkopf

Conophytum friedrichiae (Dinter) Schwantes
Typstandort: nr. Warmbad

Conophytum limpidum S. A. Hammer
Typstandort: Namiesberge

Conophytum longum N.E.Br.
Typstandort: nr. Eenriet

Conophytum lydiae (Jacobsen) Rowley
Typstandort: nr. Steinkopf

Conophytum praesectum N.E.Br.
Typstandort: nr. Pofadder

Conophytum pubescens (Tischer) Rowley
Typstandort: Aalwynsfontein

Conophytum verrucosum (Lavis) Rowley
Typstandort: Nieuwerust, SW Pofadder

Die Sektion OPHTHALMOPHYLLUM wurde früher als eigenständige Gattung *Ophthalmophyllum* geführt. Die Arten sind an den großen Fensterflächen auf den Loben zu erkennen und sollten sehr trocken gehalten werden. Viele Arten wachsen solitär und bilden selten Gruppen, sie benötigen viel Licht, damit sie nicht zu lang werden.

Sektion PELLUCIDA (Schwantes) Tischer ex S. A. Hammer

Conophytum arthurolfago S. A. Hammer
Typstandort: 4 m S. Brakfontein

Conophytum lithopsoides ssp. lithopsoides L. Bolus
Typstandort: Bushmanland
C. lithopsoides ssp. boreale (L. Bolus) S. A. Hammer
Typstandort: between Kakamas and Augrabies
C. lithopsoides ssp. koubergense (L. Bolus) S. A. Hammer
Typstandort: Kouberg

Conophytum pellucidum ssp. pellucidum v. pellucidum Schwantes
Typstandort: nr O'okiep
C. pellucidum ssp. pellucidum v. lilianum (Littlewood) S. A. Hammer
Typstandort: 4 m S. Garies
C. pellucidum ssp. pellucidum v. neohallii S. A. Hammer
Typstandort: nr. Deurdrif
C. pellucidum ssp. pellucidum v. terricolor (Tischer) Littlewood ex S. A. Hammer
Typstandort: 4 m S. Garies
C. pellucidum ssp. cupreatum (Tischer) S. A. Hammer
Typstandort: Namaqualand
C. pellucidum ssp. cupreatum v. terrestre (Tischer) S. A. Hammer
Typstandort: Aalwynsfontein
C. pellucidum ssp. saueri S. A. Hammer & T.C. Smale
Typstandort: W. Platbakkies

Die Arten der Sektion PELLUCIDA sind häufig in Kultur.
Wie der Name schon verrät, sieht *C. lithopsoides* einem *Lithops* sehr ähnlich. Sehr attraktive Zeichnungen auf den Loben machen *C. pellucidum* (besonders die Varietät *terricolor*) bei Sammlern sehr beliebt. Die Arten blühen meist weiß oder violett. Die Pflanzen vertragen recht viel Wasser, in der Natur

C. devium, SB1704 N Jakkalswater

C. lithopsoides ssp. koubergense

C. limpidum, LAV1422 Namies Pofadder

C. pellucidum, 3kn N Concordia

C. praesectum, Gaibab S Achab

C. pellucidum, Rotnaarskoker

C. verrucosum, Maans se Pan

C. pellucidum, further E Bailey's Pass

wachsen sie oft zwischen Moosen und können sogar auch mal Schnee abbekommen.

Sektion SUBFENESTRATA Tischer ex
S. A. Hammer

Conophytum concavum L. Bolus
Typstandort: nr Riethuis

Conophytum subfenestratum Schwantes
Typstandort: Little Namaqualand

Die Arten der Sektion SUBFENESTRATA sind nur in Spezialsammlungen zu finden und sind sehr empfindlich.

Sektion VERRUCOSA Schwantes ex
S. A. Hammer

Conophytum hermarium (S. A. Hammer)
S. A. Hammer
Typstandort: Smorenskadu

Conophytum smorenskaduense De Boer
Typstandort: Smorenskadu

Conophytum vanheerdei Tischer
Typstandort: Bushmanland

Die Arten der Sektion VERRUCOSA sind relativ selten in Kultur, dabei sind sie einfach zu pflegen. Früher gehörte auch *C. fulleri* in diese Sektion.

Sektion WETTSTEINIA (Schwantes) Tischer ex
S. A. Hammer

Conophytum bachelorum S. A. Hammer
Typstandort: E. Port Nolloth

Conophytum bolusiae ssp. bolusiae Schwantes
C. bolusiae ssp. primavernum S. A. Hammer
Typstandort: W. Brakfontein, Richtersveld

Conophytum chrisocruxum S. A. Hammer

Conophytum chrisolum S. A. Hammer

Conophytum ernstii ssp. ernstii S. A. Hammer
Typstandort: Sandberg, Richtersveld
C. ernstii ssp. cerebellum S. A. Hammer
Typstandort: Gamkab

Conophytum flavum ssp. flavum N.E.Br
Typstandort: nr. Steinkopf

C. flavum ssp. novicium (N.E.Br.) S. A. Hammer
Typstandort: Little Namaqualand

Conophytum francoiseae (S. A. Hammer)
S. A. Hammer
Typstandort: Richtersveld

Conophytum fraternum (N.E.Br.) N.E.Br.
Typstandort: SW Chubiessis

Conophytum globosum (N.E.Br.) N.E.Br.
Typstandort: 5 km W Garies

Conophytum jucundum ssp. jucundum (N.E.Br.)
N.E.Br.
Typstandort: N. Daunabis
C. jucundum ssp. fragile (Tischer) S. A. Hammer
Typstandort: Stinkfonteinberge
C. jucundum ssp. marlothii (N.E.Br.) S. A. Hammer
Typstandort: Augrabies, Richtersveld
C. jucundum ssp. ruschii (Schwantes) S. A. Hammer

Conophytum kubusanum N.E.Br.
Typstandort: Kubus

Conophytum minutum v. minutum (Haw.) N.E.Br.
C. minutum v. nudum (Tischer) Boom
Typstandort: nr. Komkans
C. minutum v. pearsonii (N.E.Br.) Boom
Typstandort: nr. Bakhuis

Conophytum obscurum ssp. obscurum N.E.Br.
Typstandort: Ugrabies, Richtersveld
C. obscurum ssp. barbatum (L. Bolus) S. A. Hammer
Typstandort: Aughrabies
C. obscurum ssp. sponsaliorum S. A. Hammer
Typstandort: W. Anenous Pass
C. obscurum ssp. vitreopapillum (Rawé)
S. A. Hammer
Typstandort: Riethuis

Conophytum ricardianum ssp. ricardianum Lösch & Tischer
Typstandort: Hohenfels
C. ricardianum ssp. rubriflorum Tischer
Typstandort: Lorelei

Conophytum schlechteri Schwantes
Typstandort: 45 m E. Port Nolloth

Conophytum taylorianum ssp. taylorianum (Dinter & Schwantes) N.E.Br.
Typstandort: Klinghardt Mountains

C. concavum, Riethuis (Standortaufnahme)

C. fraternum „praecox" ex Hepworth

C. hermarium, Areb

C. globosum

C. bolusiae

C. ricardianum

C. flavum ssp. novicium, SB1128 Breekriet

C. wettsteinii, Anenous

C. taylorianum ssp. ernianum (Lösch & Tischer) De Boer ex S. A. Hammer
Typstandort: nr. Witputz
C. taylorianum ssp. rosynense S. A. Hammer
Typstandort: Rosyntjieberg, Richtersveld

Conophytum wettsteinii (Berger) N.E.Br.

Die häufigste Blütenfarbe in der Sektion WETTSTEINIA ist violett. Die Arten sind fast alle für Anfänger geeignet, die meisten bilden schnell kleine Gruppen. *C. ernstii* ist etwas empfindlicher, die Pflanzen besitzen eine mit winzigen Haaren besetzte Epidermis.
C. jucundum ist bekannter unter dem alten Namen *C. gratum*.
C. wettsteinii ssp. francoisea ist jetzt eine eigene Art, und *C. wettsteinii ssp. ruschii* ist jetzt *C. jucundum ssp. ruschii*.

Subgenus Conophytum N.E.Br

(nachtblühend)

Sektion BARBATA Schwantes ex S. A. Hammer

Conophytum depressum ssp. depressum Lavis
Typstandort: Khamiesberg nr. Garies
C. depressum ssp. perdurans S. A. Hammer
Typstandort: Rietfontein

Conophytum pubicalyx Lavis
Typstandort: nr. Nieuwefontein, Kliprand

Conophytum stephanii ssp. stephanii Schwantes
Typstandort: Augrabies
C. stephanii ssp. helmutii (Lavis) S. A. Hammer
Typstandort: Eenriet

Die Arten der Sektion BARBATA sind für Anfänger nicht geeignet. Sehr attraktiv ist *C. stephanii*, die Pflanzen sind stark behaart. Die Pflanzen bilden schnell kleine Gruppen, wobei die Einzelkörper nur ca. 5 mm groß sind. *C. pubicalyx* ist ähnlich, aber noch kleiner. Diese Arten brauchen immer etwas Feuchtigkeit, damit sie nicht vertrocknen.

Sektion BATRACHIA S. A. Hammer

Conophytum armianum S. A. Hammer
Typstandort: Umdaus

C. armianum ist sehr selten und gehörte früher in die Sektion COSTATA.

Sektion CATAPHRACTA Schwantes ex S. A. Hammer

Conophytum breve N.E.Br.
Typstandort: nr. Steinkopf

Conophytum calculus ssp. calculus (A. Berger) N.E.Br.
Typstandort: N. Vanrhynsdorp
C. calculus ssp. vanzylii (Lavis) S. A. Hammer
Typstandort: Pofadder

Conophytum pageae (N.E.Br.) N.E.Br.
Typstandort: nr. Garies

Conophytum stevens-jonesianum L. Bolus
Typstandort: Anenous Pass

Die Arten der Sektion CATAPHRACTA sind etwas heikel in Kultur. Die Pflanzen „erwachen" im Herbst nur langsam.

Sektion CHESHIRE-FELES S. A. Hammer

Conophytum achabense S. A. Hammer
Typstandort: Namies, Achab

Conophytum acutum L. Bolus
Typstandort: Vanrhynsdorp district

Conophytum burgeri S. A. Hammer
Typstandort: Aggeneys

Conophytum maughanii ssp. maughanii N.E.Br.
Typstandort: nr. Pofadder
C. maughanii ssp. armeniacum S. A. Hammer
Typstandort: N. Augrabies – Lekkersing
C. maughanii ssp. latum (Tischer) S. A. Hammer
Typstandort: nr. Steinkopf, Umdaus

Conophytum hammeri Williamson & Kennedy
Typstandort: E. Richtersveld

Conophytum phoeniceum S. A. Hammer
Typstandort: Umdaus

Conophytum ratum S. A. Hammer
Typstandort: Namies

Conophytum subterraneum T. Smale & T. Jacobs
Typstandort: N. Eksteenfontein

Die Sektion CHESHIRE-FELES ist ähnlich der Sektion OPHTHALMOPHYLLUM, aber die Pflanzen blühen

C. pubicalyx

C. pageae „subrisum", Vosfontein

C. pubicalyx, SB1521 Paulshoek (Größenvergleich)

C. maughanii ssp. armeniacum, Nanassen se Kop

C. stephanii, Rosyntjieberg (Vergrößerung)

C. maughanii, SB802 Smorenskadu

C. calculus ssp. vanzylii, SB1102 Smorenskadu

C. ratum, Namies

nachts. Von *C. maughanii* (fälschlicherweise oft in Katalogen als *Ophthalmophyllum maughanii* bezeichnet) gibt es einige Klone die sich schön rot färben, vor allem bei Beginn der Ruhezeit.

Sektion CONOPHYTUM N.E.Br.

Conophytum comptonii N.E.Br.
Typstandort: nr. Nieuwoudtville

Conophytum ficiforme (Haw.) N.E.Br.

Conophytum joubertii Lavis
Typstandort: nr. Vanwyksdorp

Conophytum minimum (Haw.) N.E.Br.

Conophytum obcordellum ssp. obcordellum v. obcordellum (Haw.) N.E.Br.
C. obcordellum ssp. obcordellum v. ceresianum (L. Bolus) S. A. Hammer
Typstandort: Ceres Karoo
C. obcordellum ssp. rolfii (De Boer) S. A. Hammer
Typstandort: Elands Bay
C. obcordellum ssp. stenandrum (L. Bolus) S. A. Hammer
Typstandort: 18 m N. Bitterfontein

Conophytum piluliforme ssp. piluliforme (N.E.Br.) N.E.Br.
C. piluliforme ssp. edwardii (Schwantes) S. A. Hammer
Typstandort: nr. Barrydale

Conophytum truncatum ssp. truncatum v. truncatum (Thunberg) N.E.Br.
Typstandort: Camanasie
C. truncatum ssp. truncatum v. wiggettiae (N.E.Br.) Rawé
Typstandort: Hazenjacht
C. truncatum ssp. viridicatum (N.E.Br.) S. A. Hammer

Conophytum uviforme ssp. uviforme (Haw.) N.E.Br.
Typstandort: Vanrhynsdorp
C. uviforme ssp. decoratum (N.E.Br.) S. A. Hammer
Typstandort: Bitterfontein
C. uviforme ssp. rauhii (Tischer) S. A. Hammer
Typstandort: Wildepaardehoek, Messelpad
C. uviforme ssp. subincanum (Tischer) S. A. Hammer
Typstandort: nr. Vanrhynsdorp

Die Arten der Sektion CONOPHYTUM sind oft in Kultur zu finden. Sie sind den Arten der Sektion WETTSTEINIA sehr ähnlich, blühen aber alle nachts. *C. obcordellum* und *C. minimum* haben sehr schöne Zeichnungen auf der Blattoberfläche und sind bei Sammlern sehr begehrt.

Sektion COSTATA Schwantes ex S. A. Hammer

Conophytum angelicae ssp. angelicae (Dinter & Schwantes) N.E.Br.
Typstandort: Eendoorn, Namibia
C. angelicae ssp. tetragonum Rawé & S. A. Hammer
Typstandort: Oemsberg, Richtersveld

C. angelicae und vor allem *C. angelicae ssp. tetragonum* mit fast viereckigen Körperchen sind bei Sammlern sehr begehrt. Die Art ist nicht für Anfänger geeignet.

Sektion SAXETANA (Schwantes) S. A. Hammer

Conophytum carpianum L. Bolus
Typstandort: Doornpoort, Richtersveld

Conophytum halenbergense (Dinter & Schwantes) N.E.Br.
Typstandort: nr. Halenberg

Conophytum hians N.E.Br.
Typstandort: Lekkersing

Conophytum klinghardtense ssp. klinghardtense Rawé
Typstandort: Klinghardt Mountains
C. klinghardtense ssp. baradii (Rawé) S. A. Hammer
Typstandort: Rooiberg, Namib

Conophytum loeschianum Tischer
Typstandort: nr. Hohenfels

Conophytum quaesitum ssp. quaesitum (N.E.Br.) N.E.Br.
Typstandort: nr. Sendelingsdrift
C. quaesitum ssp. quaesitum v. rostratum (Tischer) S. A. Hammer
Typstandort: nr. Noisabis
C. quaesitum ssp. densipunctum (L. Bolus) S. A. Hammer
Typstandort: nr. Grünau

Conophytum saxetanum (N.E.Br.) N.E.Br.
Typstandort: Lüderitz

Bis auf *C. quaesitum* bilden alle Arten der Sektion SAXETANA schnell sehr große Gruppen mit dutzenden Köpfchen. Alle Arten sind etwas schwierig in Kultur.

C. ficiforme

C. truncatum ssp. viridicatum, Koup

C. minimum „wittebergense", Klein Spreeufontein

C. hians, SB951 Kleinzee

C. obcordellum „spectabile"

C. loeschianum, 10km SW Numees

C. obcordellum „ursprungianum"

C. quaesitum ssp. densipunctum

Eberlanzia – Gruppe

Die Eberlanzia-Gruppe besteht aus vorwiegend strauchigen Gattungen, diese werden selten kultiviert. Sehr ähnlich sind die Gattungen aus der Ruschia-Gruppe.

Die Gruppe besteht aus 5 Gattungen:

Amphibolia
Eberlanzia
Phiambolia
Ruschianthemum
Stoeberia

Amphibolia L. Bolus ex Herre

Vorkommen:

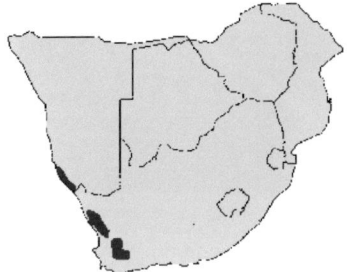

Arten:

A. *laevis* (Aiton) Hartmann
A. *obscura* Hartmann
A. *rupis-arcuatae* (Dinter) Hartmann
A. *saginata* (L. Bolus) Hartmann
A. *succulenta* (L. Bolus) Hartmann

Eberlanzia Schwantes

Vorkommen:

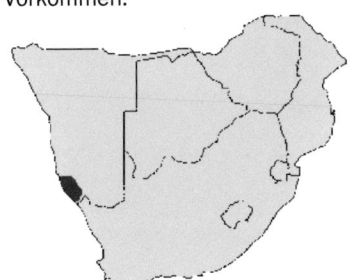

Arten:

E. *clausa* (Dinter) Schwantes
E. *cyathiformis* (L. Bolus) Hartmann

E. *dichotoma* (L. Bolus) Hartmann
E. *ebracteata* (L. Bolus) Hartmann
E. *gravida* (L. Bolus) Hartmann
E. *parvibracteata* (L. Bolus) Hartmann
E. *schneideriana* (A. Berger) Hartmann
E. *sedoides* (Dinter & A. Berger) Schwantes

Die Gattung *Eberlanzia* ist sehr selten in Kultur. Alle Arten mit Dornen, so auch die manchmal in Kultur vertretene *E. spinosa*, gehören jetzt zur Gattung *Ruschia*.

Phiambolia Klak

Vorkommen:

Arten:

P. *franciscii* (L. Bolus) Klak
P. *hallii* (L. Bolus) Klak
P. *incumbens* (L. Bolus) Klak
P. *mentiens* Klak
P. *persistens* (L. Bolus) Klak
P. *stayneri* (L. Bolus ex Toelken & Jessop) Klak
P. *unca* (L. Bolus) Klak

Ruschianthemum Friedrich

Vorkommen:

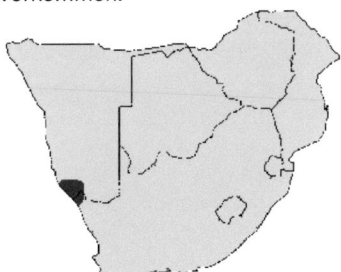

Ruschianthemum ist monotypisch:

R. *gigas* (Dinter) Friedrich

Stoeberia Dinter & Schwantes

Vorkommen:

Arten:

S. *beetzii* (Dinter) Dinter & Schwantes
S. *carpii* Friedrich
S. *frutescens* (L. Bolus) van Jaarsveld
S. *porphyrea* Hartmann
S. *utilis* (L. Bolus) van Jaarsveld

Synonym: *Pentaschista*

Stoeberia findet man kaum in Kultur. Die Pflanzen wachsen im Winter und sollten im Sommer trocken stehen. Einige Arten werden am Standort bis zu 2 Meter hoch, auch in Kultur wachsen sie recht schnell und sind für die Zimmerpflege nicht zu empfehlen.

Amphibolia spec., N Komaggasberge

Stoeberia carpii

Lampranthus – Gruppe

Viele Gattungen dieser Gruppe haben einen strauchigen Wuchs und sind weniger für die Kultur am Fenster oder im Gewächshaus geeignet. Besser bekommt ihnen ein geschützter Platz auf dem Balkon. *Lampranthus* ist als „Mittagsblume" weit verbreitet und wird oft auch als Ampelpflanze gehalten.

Die Gruppe besteht aus 16 Gattungen:

Antegibbaeum
Braunsia
Carpobrotus
Circandra
Enarganthe
Erepsia
Esterhuysenia
Lampranthus
Namaquanthus
Ruschiella
Sarcozona
Scopelogena
Smicrostigma
Vlokia
Wooleya
Zeuktophyllum

Antegibbaeum Schwantes ex C. Weber

Vorkommen:

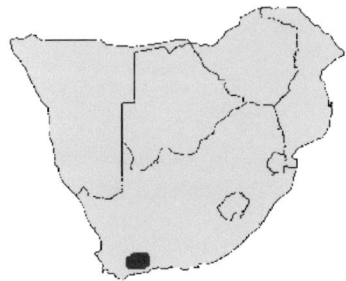

Antegibbaeum ist monotypisch:

A. fissoides (Haworth) Schwantes ex C. Weber

A. fissoides ist einem *Gibbaeum* sehr ähnlich, die Gattung wurde aber abgetrennt. Die Art wächst im Winter und ist recht schwierig. Sie sollte viel Licht (vor allem im Winter!) bekommen und sehr trocken gehalten werden.

Braunsia Schwantes

Vorkommen:

Arten:

B. apiculata (Kensit) L. Bolus
B. bina (N.E.Br.) Schwantes
B. geminata (Haworth) L. Bolus
B. maximiliani (Schlechter & A. Berger) Schwantes
B. stayneri (L. Bolus) L. Bolus
B. vanrensburgii (L. Bolus) L. Bolus

Synonym: *Echinus*

Braunsia ist selten in Kultur und hat eine meist kriechende Wuchsform ähnlich *Lampranthus*. Die Gattung ist etwas schwierig, da die Pflanzen schnell die Wurzeln verlieren oder vertrocknen.

Carpobrotus N.E.Br.

Vorkommen:

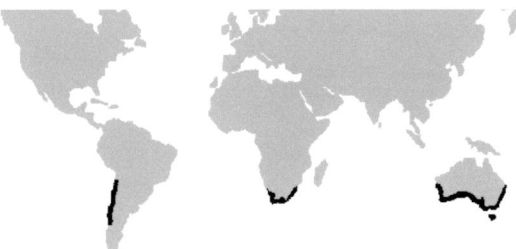

Arten:

C. acinaciformis (L.) L. Bolus [Südafrika]
C. aequilaterus (Haworth) N.E.Br. [Austr./Neus.]
C. chilensis (Molina) N.E.Br. [Chile / Kalifornien]
C. deliciosus (L. Bolus) L. Bolus [Südafrika]
C. dimidiatus (Haworth) L. Bolus [Südafrika]
C. edulis ssp. edulis (L.) L. Bolus [Südafrika]
C. edulis ssp. parviflorus Wisura & Glen [Südafrika]

C. *glaucescens* (Haworth) Schwantes [Austr./Neus.]
C. *mellei* (L. Bolus) L. Bolus [Südafrika]
C. *modestus* Blake [Australien/Neuseeland]
C. *muirii* (L. Bolus) L. Bolus [Südafrika]
C. *quadrifidus* L. Bolus [Südafrika]
C. *rossii* (Haworth) Schwantes [Austr./Neus.]
C. *virescens* (Haworth) Schwantes [Austr./Neus.]

Synonym: Abryanthemum

Carpobrotus hat die größten Blüten der Familie, sie erreichen oft mehr als 10 cm. *C. edulis* mit hellgelben Blüten ist in gemäßigten Breiten als Gartenpflanze verbreitet, leider aber nicht winterhart. Die Pflanzen wachsen, sobald sie Wasser bekommen, eine Ruhezeit ist nicht notwendig, wird aber toleriert. Die Töpfe sollten nicht zu klein gewählt werden, sonst blühen die Pflanzen nicht.

Circandra N.E.Br

Vorkommen:

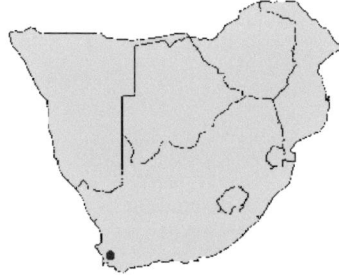

Circandra ist monotypisch:

C. *serrata* (Linné) N.E.Br.

Circandra galt lange Zeit als ausgestorben, wurde jedoch im Jahre 2005 wiederentdeckt.

Enarganthe N.E.Br.

Vorkommen:

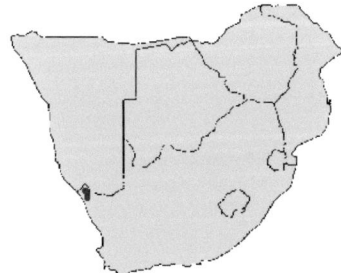

Enarganthe ist monotypisch:

E. *octonaria* (L. Bolus) N.E.Br.

Erepsia N.E.Br.

Vorkommen:

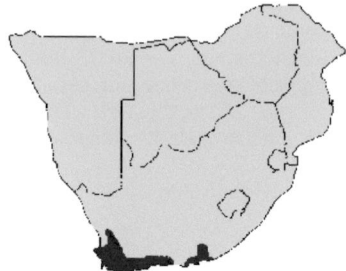

Arten:

E. *anceps* (Haworth) Schwantes
E. *aperta* L. Bolus
E. *aristata* (L. Bolus) Liede & Hartmann
E. *aspera* (Haworth) L. Bolus
E. *babiloniae* Liede
E. *bracteata* (Aiton) Schwantes
E. *brevipetala* L. Bolus
E. *distans* L. Bolus
E. *dubia* Liede
E. *dunensis* (Sonder) Klak
E. *esterhuyseniae* L. Bolus
E. *forficata* (Linné) Schwantes
E. *gracilis* (Haworth) L. Bolus
E. *hallii* L. Bolus
E. *heteropetala* (Haworth) Schwantes
E. *inclaudens* (Haworth) Schwantes
E. *insignis* (Schlechter) Schwantes
E. *lacera* (Haworth) Liede
E. *oxysepala* (Schlechter) L. Bolus
E. *patula* (Haworth) Schwantes
E. *pentagona* (L. Bolus) L. Bolus
E. *pillansii* (Kensit) Liede
E. *polita* (L. Bolus) L. Bolus
E. *polypetala* (A. Berger & Schlechter) L. Bolus
E. *promontorii* L. Bolus
E. *ramosa* L. Bolus
E. *saturata* L. Bolus
E. *simulans* (L. Bolus) Klak
E. *steytlerae* L. Bolus
E. *urbaniana* (Schlechter) Schwantes
E. *villiersii* L. Bolus

Synonyme:

Kensitia
Piquetia
Semnanthe

Erepsia ist eine häufige Gartenpflanze in Südafrika, in Europa ist sie selten in Kultur. Empfehlenswert ist

E. pillansii (früher *Kensitia pillansii*) mit sehr interessanten Blüten, aber auch sperrigem Wuchs.

Esterhuysenia L. Bolus

Vorkommen:

Arten:

E. alpina L. Bolus
E. drepanophylla (Schlechter & A. Berger) Hartmann
E. inclaudens (L. Bolus) Hartmann
E. mucronata (L. Bolus) Klak
E. stokoei (L. Bolus) Hartmann

Lampranthus N.E.Br.

Vorkommen:

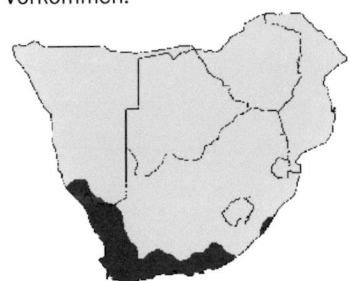

Arten:

L. acrosepalus (L. Bolus) L. Bolus
L. acutifolius (L. Bolus) N.E.Br.
L. aduncus (Haworth) N.E.Br.
L. aestivus (L. Bolus) L. Bolus
L. affinis L. Bolus
L. albus (L. Bolus) L. Bolus
L. algoensis L. Bolus
L. altistylus N.E.Br.
L. amabilis L. Bolus
L. amoenus (Salm–Dyck ex DC.) N.E.Br.
L. antemeridianus (L. Bolus) L. Bolus
L. antonii L. Bolus
L. arbuthnotiae (L. Bolus) L. Bolus
L. arenosus (L. Bolus) L. Bolus
L. argillosus L. Bolus

L. aureus (Linné) N.E.Br.
L. austricolus (L. Bolus) L. Bolus
L. baylissii L. Bolus
L. berghiae (L. Bolus) L. Bolus
L. bicolor (Linné) N.E.Br.
L. blandus (Haworth) Schwantes
L. borealis L. Bolus
L. brachyandrus (L. Bolus) N.E.Br.
L. brevistaminus (L. Bolus) L. Bolus
L. brownii (Hooker fil.) N.E.Br.
L. caespitosus (L. Bolus) N.E.Br.
L. calcaratus (Wolley–Dod) N.E.Br.
L. candidus L. Bolus
L. capillaceus (L. Bolus) N.E.Br.
L. caudatus L. Bolus
L. ceriseus (L. Bolus) L. Bolus
L. citrinus (L. Bolus) L. Bolus
L. coccineus (Haworth) N.E.Br.
L. conspicuus (Haworth) N.E.Br.
L. coralliflorus (Salm–Dyck) N.E.Br.
L. creber L. Bolus
L. curviflorus (Haworth) Hartmann
L. curvifolius (Haworth) N.E.Br.
L. cyathiformis (L. Bolus) N.E.Br.
L. debilis (Haworth) N.E.Br.
L. deflexus (Aiton) N.E.Br.
L. densifolius (L. Bolus) L. Bolus
L. densipetalus (L. Bolus) L. Bolus
L. dependens (L. Bolus) L. Bolus
L. diffusus (L. Bolus) N.E.Br.
L. dilutus (L. Bolus) N.E.Br.
L. disgregus N.E.Br.
L. diutinus (L. Bolus) N.E.Br.
L. dregeanus (Sonder) N.E.Br.
L. dulcis (L. Bolus) L. Bolus
L. dyckii (A. Berger) N.E.Br.
L. egregius (L. Bolus) L. Bolus
L. elegans (Jacquin) Schwantes
L. emarginatoides (Haworth) N.E.Br.
L. emarginatus (Linné) N.E.Br.
L. ernestii (L. Bolus) L. Bolus
L. esterhuyseniae L. Bolus
L. eximius L. Bolus
L. explanatus (L. Bolus) N.E.Br.
L. falcatus (Linné) N.E.Br.
L. falciformis (Haworth) N.E.Br.
L. fergusoniae (L. Bolus) L. Bolus
L. filicaulis (Haworth) N.E.Br.
L. flexifolius (Haworth) N.E.Br.
L. flexilis (Haworth) N.E.Br.
L. foliosus L. Bolus
L. formosus (Haworth) N.E.Br.
L. framesii (L. Bolus) N.E.Br.
L. fugitans L. Bolus
L. furvus (L. Bolus) N.E.Br.

Antegibbaeum fissum

Erepsia pillansii (früher Kensitia)

Carpobrotus edulis

Lampranthus copiosus

Enarganthe octonaria, Kloof of Caves

Namaquanthus vanheerdei, Steenbok

Erepsia lacera (Semnanthe)

Scopelogena gracilis

L. galpiniae (L. Bolus) L. Bolus
L. glaucoides (Haworth) N.E.Br.
L. glaucus (Linné) N.E.Br.
L. globosus (L. Bolus) L. Bolus
L. glomeratus (Linné) N.E.Br.
L. godmaniae (L. Bolus) L. Bolus
L. gracilipes (L. Bolus) N.E.Br.
L. hallii L. Bolus
L. haworthii (Haworth) N.E.Br.
L. hoerleinianus (Dinter) Friedrich
L. holensis L. Bolus
L. hollandii (L. Bolus) L. Bolus
L. hurlingii (L. Bolus) L. Bolus
L. imbricans (Haworth) N.E.Br.
L. immelmaniae (L. Bolus) N.E.Br.
L. inaequalis (Haworth) N.E.Br.
L. inconspicuus (Haworth) Schwantes
L. incurvus (Haworth) Schwantes
L. intervallaris L. Bolus
L. laetus (L. Bolus) L. Bolus
L. lavisii (L. Bolus) L. Bolus
L. laxifolius (L. Bolus) N.E.Br.
L. leightoniae (L. Bolus) L. Bolus
L. leipoldtii (L. Bolus) L. Bolus
L. leptaleon (Haworth) N.E.Br.
L. leptosepalus (L. Bolus) L. Bolus
L. lewisiae (L. Bolus) L. Bolus
L. liberalis (L. Bolus) L. Bolus
L. littlewoodii L. Bolus
L. longistamineus (L. Bolus) N.E.Br.
L. macrocarpus (A. Berger) N.E.Br.
L. macrosepalus (L. Bolus) L. Bolus
L. macrostigma L. Bolus
L. magnificus (L. Bolus) N.E.Br.
L. marcidulus N.E.Br.
L. martleyi (L. Bolus) L. Bolus
L. maturus N.E.Br.
L. matutinus (L. Bolus) N.E.Br.
L. microsepalus L. Bolus
L. microstigma (L. Bolus) N.E.Br.
L. middlemostii (L. Bolus) L. Bolus
L. monticolus (L. Bolus) L. Bolus
L. multiradiatus (Jacquin) N.E.Br.
L. multiseriatus (L. Bolus) N.E.Br.
L. mutans (L. Bolus) N.E.Br.
L. nelii L. Bolus
L. neostayneri L. Bolus
L. obconicus (L. Bolus) L. Bolus
L. occultans L. Bolus
L. ornatus L. Bolus
L. paardebergensis (L. Bolus) L. Bolus
L. paarlensis L. Bolus
L. pakhuisensis (L. Bolus) L. Bolus
L. palustris (L. Bolus) L. Bolus
L. parcus N.E.Br.

L. pauciflorus (L. Bolus) N.E.Br.
L. paucifolius (L. Bolus) N.E.Br.
L. peacockiae (L. Bolus) L. Bolus
L. peersii (L. Bolus) N.E.Br.
L. perreptans L. Bolus
L. piquetbergensis (L. Bolus) L. Bolus
L. plautus N.E.Br.
L. plenus (L. Bolus) L. Bolus
L. pocockiae (L. Bolus) N.E.Br.
L. polyanthon (Haworth) N.E.Br.
L. praecipitatus (L. Bolus) L. Bolus
L. primivernus (L. Bolus) L. Bolus
L. procumbens Klak
L. productus v. lepidus (Haworth) Schwantes
L. productus v. productus (Haworth) N.E.Br.
L. productus v. purpureus (L. Bolus) L. Bolus
L. profundus
L. prominulus (L. Bolus) L. Bolus
L. promontorii (L. Bolus) N.E.Br.
L. proximus L. Bolus
L. purpureus L. Bolus
L. rabiesbergensis (L. Bolus) L. Bolus
L. recurvus (L. Bolus) Schwantes
L. reptans (Aiton) N.E.Br.
L. roseus (Willd.) Schwantes
L. rubroluteus (L. Bolus) L. Bolus
L. rupestris (L. Bolus) N.E.Br.
L. rustii (A. Berger) N.E.Br.
L. salicolus (L. Bolus) L. Bolus
L. salteri (L. Bolus) L. Bolus
L. saturatus (L. Bolus) N.E.Br.
L. sauerae (L. Bolus) L. Bolus
L. scaber (Linné) N.E.Br.
L. schlechteri (Zahlbr.) N.E.Br.
L. serpens (L. Bolus) L. Bolus
L. socorium (L. Bolus) N.E.Br.
L. sparsiflorus L. Bolus
L. spectabilis (Haworth) N.E.Br.
L. spiniformis (Haworth) N.E.Br.
L. staminodiosus (L. Bolus) Schwantes
L. stanfordiae L. Bolus
L. stayneri (L. Bolus) N.E.Br.
L. steenbergensis (L. Bolus) L. Bolus
L. stenopetalus (L. Bolus) N.E.Br.
L. stenus (Haworth) N.E.Br.
L. stephanii (Schwantes) Schwantes
L. sternens L. Bolus
L. stipulaceus (Linné) N.E.Br.
L. suavissimus v. oculatus (L. Bolus) L. Bolus
L. suavissimus v. suavissimus (L. Bolus) L. Bolus
L. subaequalis (L. Bolus) L. Bolus
L. sublaxus (L. Bolus) L. Bolus
L. subrotundus L. Bolus
L. subtruncatus v. subtruncatus L. Bolus
L. subtruncatus v. wupperthalensis L. Bolus

L. *superans* (L. Bolus) L. Bolus
L. *swartbergensis* (L. Bolus) N.E.Br.
L. *tegens* (F. Muell.) N.E.Br.
L. *tenuifolius* (Linné) N.E.Br.
L. *tenuis* L. Bolus
L. *thermarum* (L. Bolus) L. Bolus
L. *tulbaghensis* (A. Berger) L. Bolus
L. *turbinatus* (Jacquin) N.E.Br.
L. *vallis–gratiae* (Schlechter & A. Berger) N.E.Br.
L. *vanheerdei* L. Bolus
L. *vanputtenii* L. Bolus
L. *vanzijliae* (L. Bolus) N.E.Br.
L. *variabilis* (Haworth) N.E.Br.
L. *verecundus* (L. Bolus) L. Bolus
L. *vernalis* (L. Bolus) L. Bolus
L. *vernicolor* (L. Bolus) L. Bolus
L. *versicolor* (Haworth) L. Bolus
L. *villiersii* (L. Bolus) L. Bolus
L. *violaceus* (DC.) Schwantes
L. *virgatus* L. Bolus
L. *vredenburgensis* L. Bolus
L. *walgateae* L. Bolus
L. *watermeyeri* (L. Bolus) N.E.Br.
L. *woodburniae* (L. Bolus) N.E.Br.
L. *wordsworthiae* (L. Bolus) N.E.Br.
L. *zeyheri* (Salm–Dyck) N.E.Br.

Synonyme:

Mesembryanthus
Perapentacoilanthus

Die Gattung *Lampranthus* wird oft als "Mittagsblume" in Steingärten und Blumenkästen kultiviert. Die Pflanzen blühen sehr reichlich in den verschiedensten Farben das ganze Jahr über. Leider ist *Lampranthus* nicht frosthart, man muss also die Pflanzen rechtzeitig einräumen.
Viele Arten von *Lampranthus* wurden jetzt in die Gattung *Oscularia* gestellt. Weiterhin wurde die neue Gattung *Ruschiella* abgetrennt. Derzeit wird viel taxonomische Arbeit geleistet, um die Vielzahl der Arten von *Lampranthus* und *Ruschia* besser einzuordnen.

Namaquanthus L. Bolus

Vorkommen:

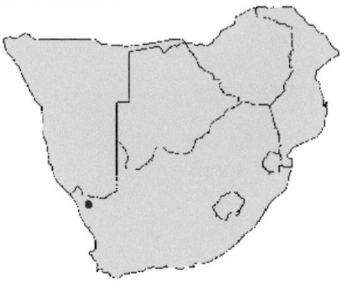

Namaquanthus ist monotypisch:

N. *vanheerdii* L. Bolus

Namaquanthus wächst im Winter, die magentafarbenen Blüten sind in Europa leider sehr selten.

Ruschiella Klak

Vorkommen:

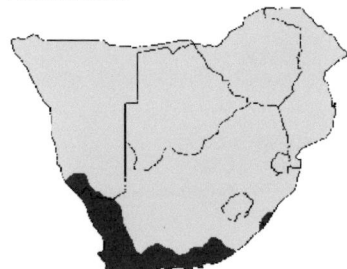

Arten:

R. *argentea* (L. Bolus) Klak
R. *henricii* (L. Bolus) Klak
R. *lunulata* (A. Berger) Klak

Sarcozona J.Black

Vorkommen:

Arten:

S. *bicarinata* S. T. Black
S. *praecox* (F. Mueller) S. T. Blake ex H. Eichler

Die Gattung *Sarcozona* stammt aus Australien und ist ähnlich *Carpobrotus*.

Scopelogena L. Bolus

Vorkommen:

Arten:

S. *bruynsii* Klak
S. *gracilis* L. Bolus
S. *verruculata* (Linné) L. Bolus

Scopelogena ist ähnlich *Lampranthus* und blüht gelb. Die Gattung ist selten in Kultur.

Smicrostigma N.E.Br.

Vorkommen:

Smicrostigma ist monotypisch:

S. *viride* (Haworth) N.E.Br.

Smicrostigma und die folgenden Gattungen sind nicht sehr attraktiv und deshalb selten in Kultur.

Vlokia S. A. Hammer

Vorkommen:

Vlokia ist monotypisch:

V. *ater* S. A. Hammer

Wooleya L. Bolus

Vorkommen:

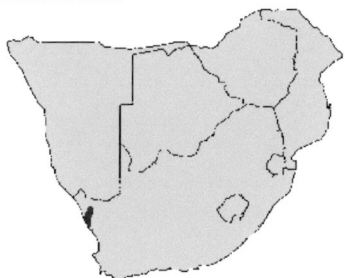

Wooleya ist monotypisch:

W. *farinosa* (L. Bolus) L. Bolus

Zeuktophyllum N.E.Br.

Vorkommen:

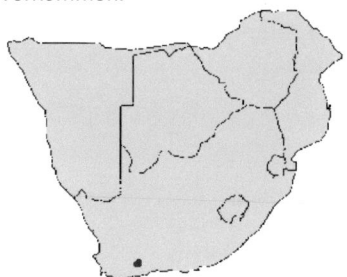

Arten:

Z. *calycinum* (L. Bolus) Hartmann
Z. *suppositum* (L. Bolus) N.E.Br.

Z. *calycinum* war früher als *Octopoma calycinum* bekannt. Diese Gattung ist sehr selten in Kultur.

Leipoldtia – Gruppe

Die Leipoldtia-Gruppe ist sehr vielfältig, es gibt strauchige Gattungen wie z. B. *Leipoldtia* und Gattungen mit sehr kompakten Arten wie z. B. *Argyroderma* und *Pleiospilos*. Viele Arten wachsen im Winter bzw. bei kühler Überwinterung im Herbst und Frühjahr. Die Gattungen *Argyroderma*, *Cheiridopsis* und *Pleiospilos* sind in Kultur sehr beliebt.

Die Gruppe besteht aus 15 Gattungen:

Antimima
Argyroderma
Cephalophyllum
Cheiridopsis
Cylindrophyllum
Fenestraria
Hallianthus
Jordaaniella
Leipoldtia
Octopoma
Odonthophorus
Ottosonderia
Pleiospilos
Schlechteranthus
Vanzijlia

Antimima N.E.Br.

Vorkommen:

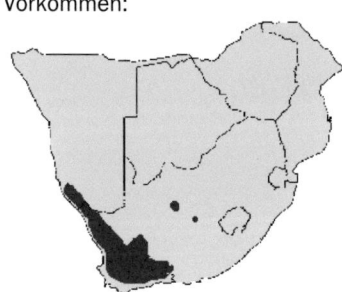

Arten:

A. *addita* (L. Bolus) Hartmann
A. *alborubra* (L. Bolus) Dehn
A. *amoena* (Schwantes) Hartmann
A. *androsacea* (Marloth & Schwantes) Hartmann
A. *argentea* (L. Bolus) Hartmann
A. *aurasensis* Hartmann
A. *biformis* (N.E.Br.) Hartmann
A. *bracteata* (L. Bolus) Hartmann
A. *brevicarpa* (L. Bolus) Hartmann
A. *brevicollis* (N.E.Br.) Hartmann

A. *buchubergensis* (Dinter) Hartmann
A. *compacta* (L. Bolus) Hartmann
A. *compressa* (L. Bolus) Hartmann
A. *concinna* (L. Bolus) Hartmann
A. *condensa* (N.E.Br.) Hartmann
A. *crassifolia* (L. Bolus) Hartmann
A. *dasyphylla* (L. Bolus) Hartmann
A. *defecta* (L. Bolus) Hartmann
A. *dekenahi* (N.E.Br.) Hartmann
A. *distans* (L. Bolus) Hartmann
A. *dolomitica* (Dinter) Hartmann
A. *dualis* (N.E.Br.) N.E.Br.
A. *eendornensis* (Dinter) Hartmann
A. *elevata* (L. Bolus) Hartmann
A. *emarcescens* (L. Bolus) Hartmann
A. *erosa* (L. Bolus) Hartmann
A. *evoluta* (N.E.Br.) Hartmann
A. *exedens* (L. Bolus) Klak
A. *exsurgens* (L. Bolus) Hartmann
A. *fenestrata* (L. Bolus) Hartmann
A. *fergusoniae* (L. Bolus) Hartmann
A. *gracillima* (L. Bolus) Hartmann
A. *granitica* (L. Bolus) Hartmann
A. *hallii* (L. Bolus) Hartmann
A. *hamatilis* (L. Bolus) Hartmann
A. *hantamensis* (Engler) Hartmann & Stüber
A. *herrei* (Schwantes) Hartmann
A. *insidens* (L. Bolus) Chesselet
A. *intervallaris* (L. Bolus) Hartmann
A. *ivori* (N.E.Br.) Hartmann
A. *karroidea* (L. Bolus) Hartmann
A. *klaverensis* (L. Bolus) Hartmann
A. *koekenaapensis* (L. Bolus) Hartmann
A. *komkansica* (L. Bolus) Hartmann
A. *lawsonii* (L. Bolus) Hartmann
A. *leipoldtii* (L. Bolus) Hartmann
A. *leucanthera* (L. Bolus) Hartmann
A. *limbata* (N.E.Br.) Hartmann
A. *lodewykii* (L. Bolus) Hartmann
A. *loganii* (L. Bolus) Hartmann
A. *lokenbergensis* (L. Bolus) Hartmann
A. *longipes* (L. Bolus) Dehn ex Hartmann
A. *luckhoffii* (L. Bolus) Hartmann
A. *maleolens* (L. Bolus) Hartmann
A. *maxwellii* (L. Bolus) Hartmann
A. *menniei* (L. Bolus) Hartmann
A. *mesklipensis* (L. Bolus) Hartmann
A. *meyerae* (Schwantes) Hartmann
A. *microphylla* (Haworth) Dehn ex Hartmann
A. *minima* (Tischer) Hartmann
A. *minutifolia* (L. Bolus) Hartmann
A. *modesta* (L. Bolus) Hartmann

A. mucronata (Haworth) Hartmann
A. mutica (L. Bolus) Hartmann
A. nobilis (Schwantes) Hartmann
A. nordenstamii (L. Bolus) Hartmann
A. oviformis (L. Bolus) Hartmann
A. papillata (L. Bolus) Hartmann
A. paucifolia (L. Bolus) Hartmann
A. pauper (L. Bolus) Hartmann
A. peersii (L. Bolus) Hartmann
A. perforata (L. Bolus) Hartmann
A. persistens (L. Bolus) Hartmann
A. pilosula (L. Bolus) Hartmann
A. piscodora (L. Bolus) Hartmann
A. prolongata (L. Bolus) Hartmann
A. propinqua (N.E.Br.) Hartmann
A. prostrata (L. Bolus) Hartmann
A. pumila (Fedde & Schuster) Hartmann
A. pusilla (Schwantes) Hartmann
A. pygmaea (Haworth) Hartmann
A. quarzitica (Dinter) Hartmann
A. roseola (N.E.Br.) Hartmann
A. saturata (L. Bolus) Hartmann
A. saxicola (L. Bolus) Hartmann
A. schlechteri (Schwantes) Hartmann
A. simulans (L. Bolus) Hartmann
A. sobrina (N.E.Br.) Hartmann
A. solida (L. Bolus) Hartmann
A. stayneri (L. Bolus) Hartmann
A. stokoei (L. Bolus) Hartmann
A. subtruncata (L. Bolus) Hartmann
A. triquetra (L. Bolus) Hartmann
A. tuberculosa (L. Bolus) Hartmann
A. turneriana (L. Bolus) Hartmann
A. vanzylii (L. Bolus) Hartmann
A. varians (L. Bolus) Hartmann
A. ventricosa (L. Bolus) Hartmann
A. verruculosa (L. Bolus) Hartmann
A. viatorum (L. Bolus) Klak
A. watermeyeri (L. Bolus) Hartmann
A. wittebergensis (L. Bolus) Hartmann

Antimima kommt aus dem Winterregengebiet, die Pflanzen haben im Sommer ihre Ruhezeit. Die Arten bilden teilweise große Polster und sind selten in Kultur.
Sehr ähnlich ist die Gattung Ruschia.

Argyroderma N.E.Br.

Vorkommen:

Arten:

A. congregatum L. Bolus
A. crateriforme (L. Bolus) N.E.Br.
A. delaetii Maass
A. fissum (Haworth) L. Bolus
A. framesii ssp. framesii L. Bolus
A. framesii ssp. hallii (L. Bolus) Hartmann
A. patens L. Bolus
A. pearsonii (N.E.Br.) Schwantes
A. ringens L. Bolus
A. subalbum (N.E.Br.) N.E.Br.
A. testiculare (Aiton) N.E.Br.
A. theartii van Jaarsveld

Synonym:

Roodia

Der Name Argyroderma bedeutet „Silberhaut" und beschreibt die graugrüne Farbe der Blätter. Bis auf A. fissum sind alle Arten flachkugelig.
Die Pflanzen sind bei Sammlern sehr begehrt, aber nicht einfach in der Pflege. Argyroderma kommt aus dem südlichen Namaqualand (Knersvlakte), die Pflanzen sind dort hervorragend an die Quarzflächen angepasst.
Die Pflanzen kommen aus dem Winterregengebiet und haben demzufolge im Sommer ihre Ruhezeit. Die Pflanzen sollten sehr selten gegossen werden, bei starker Sonneneinstrahlung ist eventuell eine Schattierung sinnvoll. Ab dem Herbst fangen sie dann an zu wachsen, jedoch sollten sie auch dann wenig Wasser bekommen. Die herrlichen gelben oder purpurroten Blüten erscheinen im Winter und öffnen sich dann bei mitteleuropäischen Lichtverhältnissen nicht sehr lange. Bei hoher Luftfeuchte und niedrigen Temperaturen im Gewächshaus reißen die Blätter oft auf. Die Pflanzen bilden wie Lithops jährlich ein neues Blattpaar aus, die alten Blätter werden resorbiert.

Antimima alborubra, Riethuis

Argyroderma fissum, Quaggaskop

Antimima fenestrata, Knersvlakte

Cephalophyllum subulatoides, SE Willowmore

Argyroderma congregratum, nr Vredendal

Cephalophyllum fulleri, Achab, Namiesberg

Argyroderna pearsonii

Cheiridopsis aspera, w Steinkopf

Cephalophyllum N.E.Br.

Vorkommen:

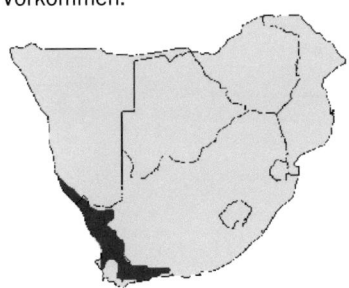

Arten:

C. alstonii Marloth ex L. Bolus
C. caespitosum Hartmann
C. compressum L. Bolus
C. confusum (Dinter) Dinter & Schwantes
C. corniculatum (Linné) Schwantes
C. curtophyllum (L. Bolus) Schwantes
C. diversiphyllum (Haworth) N.E.Br.
C. ebracteatum (Schlechter & Diels) Dinter & Schwantes
C. framesii L. Bolus
C. fulleri L. Bolus
C. goodii L. Bolus
C. hallii L. Bolus
C. herrei L. Bolus
C. inaequale L. Bolus
C. loreum (Linné) Schwantes
C. niveum L. Bolus
C. numeesense Hartmann
C. parvibracteatum (L. Bolus) Hartmann
C. parviflorum L. Bolus
C. parvulum (Schlechter) Hartmann
C. pillansii L. Bolus
C. pulchellum L. Bolus
C. pulchrum L. Bolus
C. purpureo–album (Haworth) Schwantes
C. regale L. Bolus
C. rigidum L. Bolus
C. rostellum (L. Bolus) Hartmann
C. spissum Hartmann
C. spongiosum (L. Bolus) L. Bolus
C. staminodiosum L. Bolus
C. subulatoides (Haworth) N.E.Br.
C. tetrastichum Hartmann
C. tricolorum (Haworth) Schwantes

Synonym: Vanzijlia

Jungpflanzen dieser Gattung werden oft mit Cylindrophyllum verwechselt. Cephalophyllum wächst im Winter und bringt im Frühjahr herrliche, oft zweifarbige Blüten hervor. Sehr oft in Kultur sind C. alstonii mit roten und C. pillansii mit gelben Blüten.

Cheiridopsis N.E.Br.

Vorkommen:

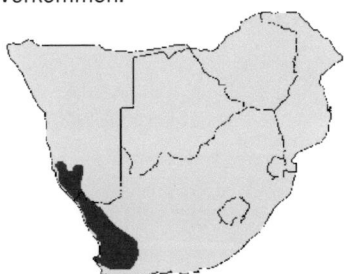

Arten:

C. acuminata L. Bolus
C. amabilis S. A. Hammer
C. aspera L. Bolus
C. brownii Schick & Tischer
C. caroli–schmidtii (Dinter & A. Berger) N.E.Br.
C. delphinoides S. A. Hammer
C. denticulata (Haworth) N.E.Br.
C. derenbergiana Schwantes
C. gamoepensis S. A. Hammer
C. glomerata S. A. Hammer
C. herrei L. Bolus
C. imitans L. Bolus
C. meyeri N.E.Br.
C. minor (L. Bolus) H.E.K. Hartmann
C. namaquensis (Sonder) H.E.K. Hartmann
C. nelii Schwantes
C. pearsonii N.E.Br.
C. peculiaris N.E.Br.
C. pillansii L. Bolus
C. pilosula L. Bolus
C. ponderosa S. A. Hammer
C. purpurea L. Bolus
C. robusta (Haworth) N.E.Br.
C. rostrata (Linné) N.E.Br.
C. rudis L. Bolus
C. schlechteri Tischer
C. speciosa L. Bolus
C. turbinata L. Bolus
C. umbrosa S. A.Hammer & Desmet
C. umdausensis L. Bolus
C. velox S. A. Hammer
C. verrucosa L. Bolus

Die Gattung Cheiridopsis ist sehr häufig in Kultur

Cheiridopsis brownii, Bloedrif

Cheiridopsis velox

Cheiridopsis denticulata, Springbok

Cylindrophyllum spec.

Cheiridopsis meyeri, Steinkopf

Cylindrophyllum comptonii

Cheiridopsis peculiaris, Steinkopf (Standortaufn.)

Cheiridopsis peculiaris, Wachstumsstadien

vertreten. Die Pflanzen wachsen im Winter und sind im Sommer trockener zu halten. Bei ausreichend Licht erscheinen im zeitigen Frühjahr die oft herrlichen Blüten. Viele Arten sind aber auch ohne Blüte sehr attraktiv. Im Folgenden werden einige oft kultivierte Arten aufgezählt:

C. cigarettifera hat große graubereifte Blätter und ist sehr dekorativ.

C. peculiaris ist sehr begehrt und blüht recht zuverlässig. Die Blattpaare sind zuerst geschlossen und öffnen sich später, die Pflanze sieht dann völlig anders aus. Vergleichbar ist dies mit der Gattung *Mitrophyllum*.

C. aspera wird schnell sehr struppig, hat aber sehr interessante warzige Blätter.

Sehr ähnlich ist die Gattung *Ihlenfeldtia*, sie wurde aber von *Cheiridopsis* abgetrennt und gehört zur Titanopsis–Gruppe.

Cylindrophyllum Schwantes

Vorkommen:

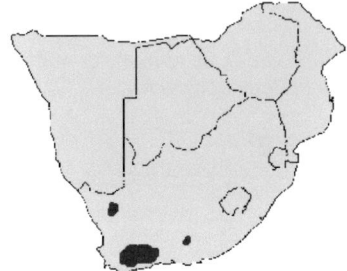

Arten:

C. calamiforme (Linné) Schwantes
C. comptonii L. Bolus
C. hallii L. Bolus
C. obsubulatum (Haworth) Schwantes
C. tugwelliae L. Bolus

Die Pflanzen mit den zylindrischen Blättern werden recht groß und sollten nur sparsam gegossen werden. *Cylindrophyllum* hat große weißlichgelbe Blüten und braucht volles Licht. Die Gattung *Cephalophyllum* ist ähnlich, hat aber leuchtende, oft zweifarbige Blüten.

Fenestraria N.E.Br.

Vorkommen:

Von *Fenestraria* gibt es 2 Unterarten:

F. rhopalophylla ssp. aurantiaca (N.E.Br.) Hartmann mit gelben Blüten und
F. rhopalophylla ssp. rhopalophylla (Schlechter & Diels) N.E.Br. mit weißen Blüten.

Die Pflanzen sind sehr nässeempfindlich und bilden eine Pfahlwurzel. Bei dieser Gattung ist ein gelegentliches Gießen „von unten" sinnvoll, die Töpfe dürfen sich dabei aber keinesfalls vollsaugen!
Die langstieligen weißen oder gelben Blüten erscheinen im Herbst und Winter.
Fenestraria ist nicht sehr häufig in Kultur, wird aber oft mit *Frithia* verwechselt. *Frithia* wächst jedoch gedrungener, und die kleineren oft rötlichen Blüten erscheinen im Sommer.

Hallianthus Hartmann

Vorkommen:

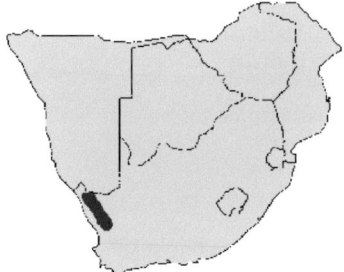

Arten:

H. planus (L. Bolus) Hartmann
H. griseus S. A. Hammer

Diese Gattung gehörte früher zu *Leipoldtia*. Die Blüten erscheinen ebenso im Winter.

Jordaaniella Hartmann

Vorkommen:

Arten:

J. clavifolia (L. Bolus) Hartmann
J. cuprea (L. Bolus) Hartmann
J. dubia (Haworth) Hartmann
J. spongiosa (L. Bolus) Hartmann
J. uniflora (L. Bolus) Hartmann

Leipoldtia L. Bolus

Vorkommen:

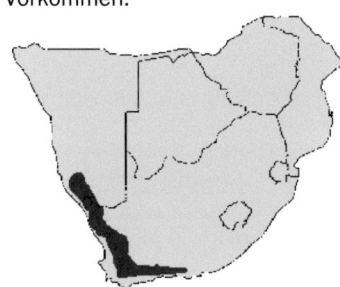

Arten:

L. albirosea (L. Bolus) Hartmann & Stüber
L. calandra (L. Bolus) L. Bolus
L. compacta L. Bolus
L. frutescens (L. Bolus) Hartmann
L. klaverensis L. Bolus
L. laxa L. Bolus
L. lunata Hartmann & Rust
L. rosea L. Bolus
L. schultzei (Schlechter & Diels) Friedrich
L. uniflora L. Bolus
L. weigangiana ssp. grandifolia (L. Bolus) Hartmann & Rust
L. weigangiana ssp. littlewoodii (L. Bolus) Hartmann & Rust
L. weigangiana ssp. weigangiana (Dinter) Dinter & Schwantes

Synonym: Rhopalocyclus

Die Gattung Leipoldtia gehört zu den strauchigen Mesembs. Die Pflanzen blühen im Winter und sind selten in Kultur.

Octopoma N.E.Br.

Vorkommen:

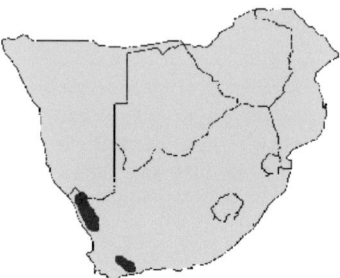

Arten:

O. abruptum L. Bolus
O. connatum (L. Bolus) L. Bolus
O. inclusum (L. Bolus) N.E.Br.
O. octojuge (L. Bolus) N.E.Br.
O. quadrisepalum (L. Bolus) Hartmann
O. rupigenum (L. Bolus) L. Bolus
O. subglobosum (L. Bolus) L. Bolus
O. tetrasepalum (L. Bolus) Hartmann

Manchmal begegnet man O. calycinum in Kultur, diese Art gehört jetzt zu Zeuktophyllum.

Odontophorus N.E.Br.

Vorkommen:

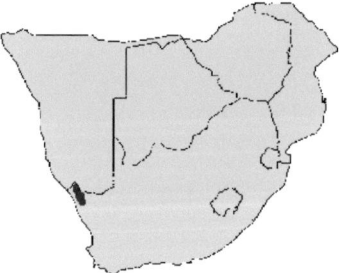

Arten:

O. angustifolius ssp. angustifolius L. Bolus
O. angustifolius ssp. protoparcoides S. A. Hammer
O. marlothii N.E.Br.
O. nanus L. Bolus
O. pusillus S. A. Hammer

Die Pflanzen dieser Gattung bilden kleine Gruppen, oft werden die Triebe auch recht lang. Die Blätter

Fenestraria rhopalophylla ssp.aurantiaca 'Fireworth'

Odontophorus marlothii, Eselsfontein

Fenestraria mit Knospe

Pleiospilos bolusii

Fenestraria rhopalophylla

Pleiospilos nelii aus dem Baumarkt

Hallianthus planus, 20km s Loeriesfontein

Leipoldtia britteniae, MG1541.5

sind oft gezähnt ähnlich *Faucaria*.
Odontophorus ist ein Winterwachser, die gelben Blüten erscheinen im Herbst oder Frühjahr.

Ottosonderia L. Bolus

Vorkommen:

Ottosonderia ist monotypisch:

O. monticola (Sonder) L. Bolus

Synonym: *Hymenocyclus*

Pleiospilos N.E.Br.

Vorkommen:

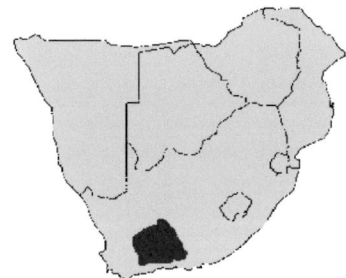

Arten:

P. bolusii (Hooker fil.) N.E.Br.
P. compactus ssp. canus (Haworth) Hartmann & Liede
P. compactus ssp. compactus (Aiton) Schwantes
P. compactus ssp. fergusoniae (L. Bolus) Hartmann & Liede
P. compactus ssp. minor (L. Bolus) Hartmann & Liede
P. compactus ssp. sororius (N.E.Br.) Hartmann & Liede
P. nelii Schwantes
P. simulans (Marloth) N.E.Br.

Synonym: *Punctillaria*

Pleiospilos, manchmal auch als "lebender Granit" bezeichnet, ist sehr häufig in Kultur zu finden. Die Gattung kann man leicht an den gepunkteten Blättern erkennen.

P. nelii blüht als einzige Art im Frühjahr und wird oft in Blumenläden als „lebender Stein" angeboten. Diese Art ist fast kugelig, blüht orange und sollte im Winter auch etwas wärmer stehen.

Recht selten ist eine rote Kulturform 'Royal flush', diese ist *Lithops optica 'Rubra'* sehr ähnlich.

Alle anderen Arten von *Pleiospilos* haben flache Blätter und bilden mit der Zeit oft Gruppen. Sie blühen im Herbst, die großen gelben Blüten duften oft stark. Bei einem durchlässigen Substrat und Einhaltung der Winterruhe ist diese Gattung auch für Anfänger geeignet.

Die Gattung *Tanquana* wird manchmal mit *Pleiospilos* verwechselt, ist aber viel kleiner und sehr selten in Kultur.

Schlechteranthus Schwantes

Vorkommen:

Arten:

S. hallii L. Bolus
S. maximilianii Schwantes

Vanzijlia L. Bolus

Vorkommen:

Vanzijlia ist monotypisch:

V. annulata (A. Berger) L. Bolus

Mitrophyllum – Gruppe

In der Mitrophyllum-Gruppe gibt es die sommer-wachsenden, leicht zu kultivierenden Gattungen *Glottiphyllum* und *Disphyma*. Alle anderen Gattungen sind Winterwachser und schwieriger in Kultur. Diese winterwachsenden Gattungen sind in Mitteleuropa fast nicht zur Blüte zu bringen.

Bei den winterwachsenden Arten unterscheiden sich die Blattformen oft stark zwischen Vegetations- und Ruhezeit, die Blätter sind dimorph. Viele dieser Arten besitzen in der Ruhezeit keine Blätter und sind im Sommer sehr trocken zu halten.

Die Gruppe besteht aus 9 Gattungen:

Dicrocaulon
Diplosoma
Jacobsenia
Meyerophytum
Mitrophyllum
Monilaria
Oophytum

Glottiphyllum

Disphyma

Dicrocaulon N.E.Br.

Vorkommen:

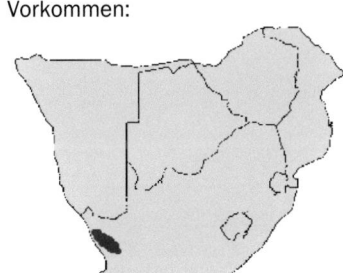

Arten:

D. brevifolium N.E.Br.
D. grandiflorum Ihlenfeldt
D. humile N.E.Br.
D. microstigma (L. Bolus) Ihlenfeldt
D. nodosum (A. Berger) N.E.Br.
D. ramulosum (L. Bolus) Ihlenfeldt
D. spissum N.E.Br.

Dicrocaulon ist ein Winterwachser und selten in Kultur. Im Sommer sind nur runde Blätter vorhan-den, das längliche Blattpaar wächst im Herbst heran.

Sehr ähnlich, aber etwas kleiner ist *Meyerophytum*.

Diplosoma Schwantes

Vorkommen:

Arten:

D. luckhoffii (L. Bolus) Schwantes ex Ihlenfeldt
D. retroversum (Kensit) Schwantes

Synonyme:

Conophyllum
Maughania
Maughaniella

Diplosoma ist selten in Kultur, die Pflanzen sind sehr kurzlebig und für den Anfänger nicht geeignet. Die Arten sind im Sommer sehr trocken zu halten und sollten etwas schattiert werden. Die Blüten erschei-nen im Herbst schon an sehr jungen Pflanzen.

Jacobsenia L. Bolus & Schwantes

Vorkommen:

Arten:

J. hallii L. Bolus
J. kolbei (L. Bolus) L. Bolus & Schwantes
J. vaginata (L. Bolus) Ihlenfeldt

Jacobsenia kolbei, Garies

Mitrophyllum abbreviatum, Aughrabies

Meyerophytum meyeri, Holgat (in der Ruhezeit)

Meyerophytum meyeri, Riethuis (im Winter)

Mitrophyllum grande (Ende der Ruhezeit)

Mitrophyllum grande (in der Wachstumszeit)

Monilaria chrysoleuca

Monilaria chrysoleuca, Nuwerus (im Winter)

Synonyme:

Anisocalyx
Drosanthemopsis

Die Gattung *Jacobsenia* ist selten in Kultur, die frühere Gattung *Drosanthemopsis* ist jetzt *J. vaginata*. *J. kolbei* wächst sehr schnell und sieht mit den prallen zylindrischen Blättern sehr attraktiv aus. Die Blätter sind nicht dimorph, in der Sommerruhe behalten sie ihre Form und Farbe.

Meyerophytum Schwantes

Vorkommen:

Arten:

M. globosum (L. Bolus) Ihlenfeldt
M. meyeri (Schwantes) Schwantes

Synonyme:

Conophyllum
Depacarpus

Meyerophytum ist selten in Kultur. Die Pflanzen haben im Sommer ihre Ruhezeit mit runden Blättern. Zu Beginn der Vegetationszeit werden diese absorbiert, und es werden zwei längliche Blättchen gebildet. *Meyerophytum* verzweigt sich schnell und bildet kleine „Sträucher".

Mitrophyllum Schwantes

Vorkommen:

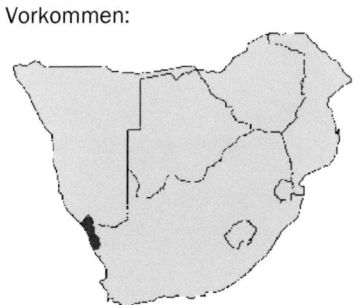

Arten:

M. abbreviatum L. Bolus
M. clivorum (N.E.Br.) Schwantes
M. dissitum (N.E.Br.) Schwantes
M. grande N.E.Br.
M. margaretae S. A. Hammer
M. mitratum (Marloth) Schwantes
M. roseum L. Bolus

Synonyme:

Conophyllum
Mimetophytum

Die Gattung *Mitrophyllum* ist oft in Spezialsammlungen zu finden. Die meisten Arten werden mit der Zeit recht groß, abgebrochene Triebe lassen sich aber nur schwer bewurzeln. In der winterlichen Wachstumszeit ist dies zu beachten, die Triebe und Blätter sind dann prall mit Wasser gefüllt und brechen schnell ab.
Die Pflanzen haben im Sommer nur ein senkrechtes Blattpaar (ähnlich einer Mitra, daher auch der Name). Bei Vegetationsbeginn im Herbst klappt dieses Blattpaar auf und ein neues Blattpaar erscheint. Die alten Blätter liegen dann waagerecht und vertrocknen. Dieser Vorgang ist sehr interessant!
Während der Ruhezeit im Sommer sind die Pflanzen trocken zu halten. *Mitrophyllum* kommt in Mitteleuropa nicht zur Blüte, selbst in der Natur dauert es viele Jahre, bis die Pflanzen blühen.

Monilaria (Schwantes) Schwantes

Vorkommen:

Arten:

M. chrysoleuca (Schlechter) Schwantes
M. moniliformis (Thunberg) Ihlenfeldt & Jörgensen
M. obconica Ihlenfeldt & Jörgensen
M. pisiformis (Haworth) Schwantes
M. scutata ssp. obovata Ihlenfeldt & Jörgensen
M. scutata ssp. scutata (L. Bolus) Schwantes

Mitrophyllum dissitum, Kliphoogte

Disphyma australe, Balaena Bay, Neuseeland

Glottiphyllum spec.

Glottiphyllum pygmaeum

Glottiphyllum aff. surrectum, Ockertskraal

Gottiphyllum suave, Joubert's Kop

Disphyma crassifolia

Glottiphyllum fergusoniae ?, 16km e Barrydale

Sehr interessante Pflanzen! Im Herbst treiben die Pflanzen ein Blattpaar. Diese Blätter sind zylindrisch und ziemlich lang. Sie sind völlig mit Wasserzellen übersät und glitzern im Licht. Am Ende der Vegetationszeit im Frühjahr vertrocknen sie dann wieder, zurück bleibt ein kugeliges bräunliches Gebilde. Im Laufe der Jahre entstehen dann kleine Stämmchen, die wie Perlenschnüre aussehen. Im Sommer muss *Monilaria* trocken stehen, die Pflanzen sehen dann wie vertrocknet aus und wurden von Anfängern auch schon mal weggeworfen! Erst im Herbst zeigen sich dann wieder grüne Spitzen, und der Kreislauf beginnt von neuem.

Oophytum N.E.Br.

Vorkommen:

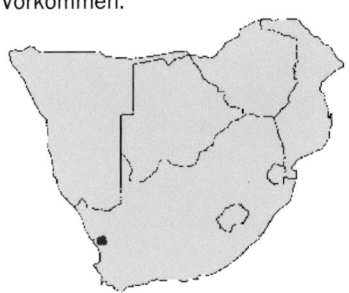

Arten:

O. nanum (Schlechter) L. Bolus
O. oviforme (N.E.Br.) N.E.Br.

Oophytum ist selten in Kultur und schwierig in der Pflege. Die Pflanzen sollten in der Ruhezeit im Sommer trocken stehen. Die kleinen kugeligen Körper erinnern an ein *Conophytum*. Die in der Literatur oft erwähnte Art *O. nordenstamii* ist jetzt *O. oviforme.*

Glottiphyllum N.E.Br.

Vorkommen:

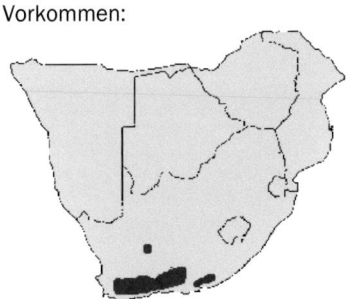

Arten:

G. carnosum N.E.Br.

G. cruciatum (Haworth) N.E.Br.
G. depressum (Haworth) N.E.Br.
G. difforme (Linné) N.E.Br.
G. fergusoniae L. Bolus
G. grandiflorum (Haworth) N.E.Br.
G. linguiforme (Linné) N.E.Br.
G. longum (Haworth) N.E.Br.
G. neilii N.E.Br.
G. nelii Schwantes
G. oligocarpum L. Bolus
G. peersii L. Bolus
G. regium N.E.Br.
G. salmii (Haworth) N.E.Br.
G. suave N.E.Br.
G. surrectum (Haworth) L. Bolus

Die Gattung *Glottiphyllum* ist auch für Anfänger gut geeignet. Sie benötigen jedoch viel Licht und sollten nicht zu feucht gehalten werden.
Bei optimalen Bedingungen sind die Blätter mancher Arten rötlich gefärbt oder grau bereift. *Glottiphyllum* bildet schnell Gruppen, fast immer sprossen die Pflanzen in 3er-Gruppen. Die großen gelben Blüten erscheinen im Spätsommer und sind den ganzen Tag geöffnet.
Glottiphyllum sollte man nicht zu sehr düngen und wässern, die Pflanzen blähen sich dann regelrecht auf und werden unansehnlich.

Disphyma N.E.Br.

Vorkommen in Südafrika:

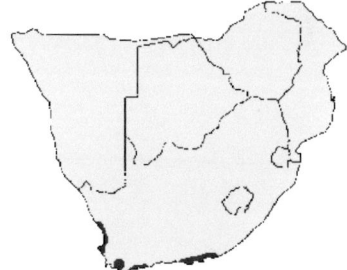

Vorkommen in Australien / Neuseeland:

Arten:

D. australe ssp. australe (Aiton) J. M. Black
D. australe ssp. stricticaule Chinnok
D. clavellatum (Haworth) Chinnock
D. crassifolium (Linné) L. Bolus
D. dunsdonii L. Bolus
D. papillatum Chinnok

Diese Gattung ist in Südafrika und Australien behei-
matet, wobei manche Arten auf beiden Kontinenten
vorkommen!
Disphyma bildet schnell große Polster, die kriechenden Triebe wurzeln dabei immer wieder neu. Diese
Gattung wird in der Heimat in den Küstengegenden
als Bodendecker angepflanzt. Die Blüten erscheinen
im Frühjahr. Die Pflanzen benötigen keine Ruhezeit
und können gut als Ampelpflanze gehalten werden.

Ruschia – Gruppe

Die Ruschia-Gruppe besteht zumeist aus Gattungen mit strauchigen Arten. Bis auf wenige Ausnahmen wie z. B. *Acrodon* und *Marlothistella* sind sie nicht sehr attraktiv und kaum in Kultur zu finden.

Die Gruppe besteht aus 11 Gattungen:

Acrodon
Arenifera
Astridia
Ebracteola
Hammeria
Khadia
Marlothistella
Polymita
Ruschia
Ruschiella
Stayneria

Acrodon N.E.Br.

Vorkommen:

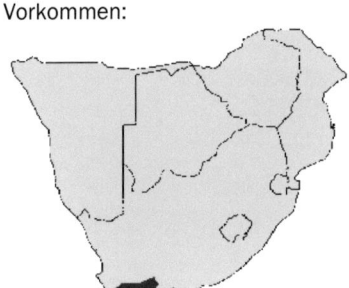

Arten:

A. *bellidiflorus* (L.) N.E.Br.
A. *deminutus* Klak
A. *parvifolius* du Plessis
A. *quarcicola* Hartmann
A. *subulatus* (Miller) N.E.Br.

Acrodon wird seit langem kultiviert, ist aber in Sammlungen nicht sehr verbreitet. Die dreieckigen Blätter sind oft gezähnt, die weiß-rot gestreiften Blüten erscheinen im Frühjahr.

Arenifera Herre

Vorkommen:

Arten:

A. *pillansii* (L. Bolus) Herre
A. *pungens* Hartmann
A. *spinescens* (L. Bolus) Hartmann
A. *stylosa* (L. Bolus) Hartmann

Die Gattung *Arenifera* wird kaum in Sammlungen gepflegt. Die Blätter sind wie bei der Gattung *Psammophora* klebrig und in der Natur mit Sand bedeckt.

Astridia Dinter

Vorkommen:

Arten:

A. *alba* (L. Bolus) L. Bolus
A. *citrina* (L. Bolus) L. Bolus
A. *hallii* L. Bolus
A. *herrei* L. Bolus
A. *hillii* L. Bolus
A. *longifolia* (L. Bolus) L. Bolus
A. *lutata* (L. Bolus) Friedrich ex Hartmann
A. *rubra* (L. Bolus) L. Bolus
A. *speciosa (L. Bolus)*
A. *vanheerai* L. Bolus
A. *velutina* Dinter

Ebracteola Dinter & Schwantes

Vorkommen:

Arten:

E. derenbergiana (Dinter) Dinter & Schwantes
E. fulleri (L. Bolus) Glen
E. montis–moltkei (Dinter) Dinter & Schwantes
E. wilmaniae (L. Bolus) Glen

Diese Gattung ist etwas nässeempfindlich. Die Blüten sind weiß bis hellviolett. Die Pflanzen sind ohne Blüte leicht mit *Hereroa* zu verwechseln.

Hammeria H.E.K.Hartmann

Vorkommen:

Arten:

H. gracilis Burgoyne
H. meleagris (L. Bolus) Klak

Die Gattung *Hammeria* wurde von *Ruschia* abgetrennt (*R. salteri*) und enthält auch einige Arten, die früher zur Gattung *Lampranthus* gehörten.

Khadia N.E.Br.

Vorkommen:

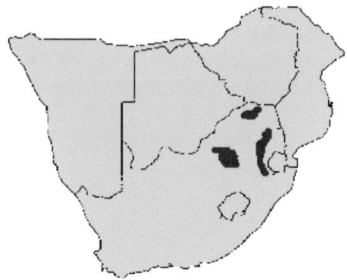

Arten:

K. acutipetala (N.E.Br.) N.E.Br.
K. alticola Chesselet & Hartmann
K. beswickii (L. Bolus) N.E.Br.
K. borealis L. Bolus
K. carolinensis (L. Bolus) L. Bolus
K. media Winter & Hahn

Marlothistella Schwantes

Vorkommen:

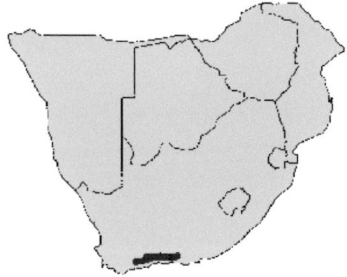

Arten:

M. stenophylla (L. Bolus) S. A. Hammer
M. uniondalensis Schwantes

Diese Gattung ist selten in Kultur, hat aber wunderschöne violette Blüten. Die Pflanzen haben ihre Wachstumszeit im Sommer, blühen aber im Winter. Die Kultur ist nicht ganz einfach, da die Pflanzen Rübenwurzeln haben.

Polymita N.E.Br.

Vorkommen:

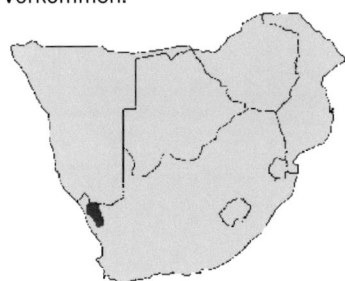

Arten:

P. albiflora (L. Bolus) L. Bolus
P. steenbokensis Hartmann

Ruschia Schwantes

Vorkommen:

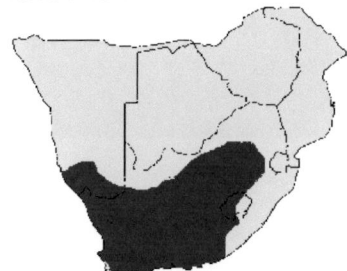

Arten:

R. abbreviata L. Bolus
R. acocksii L. Bolus
R. acuminata L. Bolus
R. acutangula (Haworth) Schwantes
R. aggregata L. Bolus
R. alata L. Bolus
R. altigena (L. Bolus) L. Bolus
R. amicorum (L. Bolus) Schwantes
R. ampliata L. Bolus
R. approximata (L. Bolus) Schwantes
R. archeri L. Bolus
R. aristulata (Sonder) Schwantes
R. aspera L. Bolus
R. atrata L. Bolus
R. axthelmiana (Dinter) Schwantes
R. barnardii L. Bolus
R. beaufortensis L. Bolus
R. bijliae L. Bolus
R. bipapillata L. Bolus
R. bolusiae Schwantes
R. brakdamensis (L. Bolus) L. Bolus

R. breekpoortensis L. Bolus
R. brevibracteata L. Bolus
R. brevicyma L. Bolus
R. brevifolia L. Bolus
R. brevipes L. Bolus
R. britteniae L. Bolus
R. burtoniae L. Bolus
R. calcarea L. Bolus
R. calcicola (L. Bolus) L. Bolus
R. callifera L. Bolus
R. campestris (Burchell) Schwantes
R. canonotata (L. Bolus) Schwantes
R. capornii (L. Bolus) L. Bolus
R. caroli (L. Bolus) Schwantes
R. caudata L. Bolus
R. cedarbergensis L. Bolus
R. centrocapsula Hartmann & Stüber
R. ceresiana L. Bolus
R. cincta (L. Bolus) L. Bolus
R. clavata L. Bolus
R. complanata L. Bolus
R. congesta (Salm–Dyck) L. Bolus
R. copiosa L. Bolus
R. costata L. Bolus
R. cradockensis ssp. cradockensis (Kuntze) Hartmann & Stüber
R. cradockensis ssp. triticiformis (L. Bolus) Hartmann & Stüber
R. crassa (L. Bolus) Schwantes
R. crassisepala L. Bolus
R. cupulata (L. Bolus) Schwantes
R. curta (Haworth) Schwante
R. cymbifolia (Haworth) L. Bolus
R. cymosa (L. Bolus) Schwantes
R. decumbens L. Bolus
R. decurrens L. Bolus
R. decurvans L. Bolus
R. dejagerae L. Bolus
R. deminuta L. Bolus
R. densiflora L. Bolus
R. depressa L. Bolus
R. dichroa (Rolfe) L. Bolus
R. dielsiana (A. Berger) Jacobsen ex Hartmann
R. dilatata L. Bolus
R. divaricata L. Bolus
R. diversifolia L. Bolus
R. duthiae (L. Bolus) Schwantes
R. edentula (Haworth) L. Bolus
R. elineata L. Bolus
R. erecta (L. Bolus) Schwantes
R. esterhuyseniae L. Bolus
R. exigua L. Bolus
R. extensa L. Bolus
R. festiva (N.E.Br.) Schwantes
R. filipetala L. Bolus

Acrodon subulatus

Astridia herrei, Numees

Marlothistella stenophylla, Welbedacht

Ruschia spinosa (früher Eberlanzia)

Khadia borealis, Letjuma Peak

Ruschia intrusa, Mc Gregor

Ebracteola montis-moltkei, Klein Aub

R. firma L. Bolus
R. floribunda L. Bolus
R. foliosa (Haworth) Schwantes
R. fourcadei L. Bolus
R. framesii L. Bolus
R. fredericii (L. Bolus) L. Bolus
R. fugitans L. Bolus
R. geminiflora (Haworth) Schwantes
R. glauca L. Bolus
R. goodiae L. Bolus
R. gracilipes L. Bolus
R. gracilis L. Bolus
R. griquensis (L. Bolus) Schwantes
R. grisea (L. Bolus) Schwantes
R. hamata (L. Bolus) Schwantes
R. haworthii Jacobsen & Rowley
R. heteropetala L. Bolus
R. hexamera L. Bolus
R. holensis L. Bolus
R. imbricata (Haworth) Schwantes
R. impressa L. Bolus
R. inclusa L. Bolus
R. inconspicua L. Bolus
R. incurvata L. Bolus
R. indecora (L. Bolus) Schwantes
R. indurata (L. Bolus) Schwantes
R. intermedia L. Bolus
R. intricata (N.E.Br.) Hartmann & Stüber
R. intrusa (Kensit) L. Bolus
R. karrachabensis L. Bolus
R. karrooica (L. Bolus) L. Bolus
R. kenhardtensis L. Bolus
R. klipbergensis L. Bolus
R. knysnana (L. Bolus) L. Bolus
R. kuboosana L. Bolus
R. langebaanensis L. Bolus
R. lapidicola L. Bolus
R. lavisii L. Bolus
R. laxa (Willdenow) Schwantes
R. laxiflora L. Bolus
R. laxipetala L. Bolus
R. leptocalyx L. Bolus
R. lerouxiae (L. Bolus) L. Bolus
R. leucosperma L. Bolus
R. lineolata (Haworth) Schwantes
R. lisabeliae L. Bolus
R. littlewoodii L. Bolus
R. macowanii (L. Bolus) Schwantes
R. mariae L. Bolus
R. marianae (L. Bolus) Schwantes
R. maxima (Haworth) L. Bolus
R. middlemostii L. Bolus
R. misera (L. Bolus) L. Bolus
R. mollis (A. Berger) Schwantes
R. montaguensis L. Bolus

R. muelleri (L. Bolus) Schwantes
R. muiriana (L. Bolus) Schwantes
R. multiflora (Haworth) Schwantes
R. muricata L. Bolus
R. mutata G. D. Rowley
R. namusmontana Friedrich
R. nana L. Bolus
R. nelii Schwantes
R. nieuwerustensis L. Bolus
R. nonimpressa L. Bolus
R. obtusa L. Bolus
R. odontocalyx (Schlechter & Diels) Schwantes
R. orientalis L. Bolus
R. pallens L. Bolus
R. paripetala (L. Bolus) L. Bolus
R. parviflora (Haworth) Schwantes
R. parvifolia L. Bolus
R. patens L. Bolus
R. patulifolia L. Bolus
R. pauciflora L. Bolus
R. paucipetala L. Bolus
R. perfoliata (Miller) Schwantes
R. phylicoides L. Bolus
R. pinguis L. Bolus
R. polita L. Bolus
R. pollardii Friedrich
R. primosii L. Bolus
R. pulchella (Haworth) Schwantes
R. pulvinaris L. Bolus
R. punctulata (L. Bolus) L. Bolus ex Hartmann
R. pungens (A. Berger) Jacobsen
R. putterillii (L. Bolus) L. Bolus
R. radicans L. Bolus
R. rariflora L. Bolus
R. recurva (Moench) Hartmann
R. rigens L. Bolus
R. rigida (Haworth) Schwantes
R. rigidicaulis (Haworth) Schwantes
R. robusta L. Bolus
R. rostella (Haworth) Schwantes
R. rubricaulis (Haworth) L. Bolus
R. rupicola (Engler) Schwantes
R. ruralis (N.E.Br.) Schwantes
R. ruschiana (Dinter) Dinter & Schwantes
R. sabulicola Dinter
R. sandbergensis L. Bolus
R. sarmentosa (Haworth) Schwantes
R. scabra Hartmann
R. schollii (Salm–Dyck) Schwantes
R. semidentata (Haworth) Schwantes
R. semiglobosa L. Bolus
R. senaria L. Bolus
R. serrulata (Haworth) Schwantes
R. sessilis (Thunberg) Hartmann
R. singula L. Bolus

R. solitaria L. Bolus
R. spinosa (Linné) Dehn
R. staminodiosa L. Bolus
R. stricta L. Bolus
R. strubeniae (L. Bolus) Schwantes
R. suaveolens L. Bolus
R. subpaniculata L. Bolus
R. ssphaerica L. Bolus
R. subteres L. Bolus
R. tardissima L. Bolus
R. tecta L. Bolus
R. tenella (Haworth) Schwantes
R. testacea L. Bolus
R. tribracteata L. Bolus
R. triflora L. Bolus
R. truteri L. Bolus
R. tumidula (Haworth) Schwantes
R. uitenhagensis (L. Bolus) Schwantes
R. umbellata (Linné) Schwantes
R. uncinata (Linné) Schwantes
R. unidens (Haworth) Schwantes
R. vaginata (Haworth) Schwantes
R. valida Schwantes
R. vanbredai L. Bolus
R. vanderbergiae L. Bolus
R. vanheerdei L. Bolus
R. vanniekerkiae L. Bolus
R. versicolor L. Bolus
R. vetovalida Hartmann
R. victoris (L. Bolus) L. Bolus
R. virens L. Bolus
R. virgata (Haworth) L. Bolus
R. viridifolia L. Bolus
R. vulvaria (Dinter) Schwantes
R. willdenowii Schwantes

Die Gattung *Ruschia* ist ebenso umfangreich wie *Lampranthus*. In der Vergangenheit wurden fast alle strauchigen Mesembs mit 5-fächerigen Kapseln (locules) zu *Ruschia* gestellt. In der letzten Zeit wurden bereits etliche neue Gattungen ausgegliedert, dennoch ist hier noch viel taxonomische Arbeit zu leisten.
Alle dornigen Arten der Gattung *Eberlanzia* wurden allerdings wieder zu *Ruschia* gestellt. Diese Arten sind manchmal in Kultur und bilden an den Triebspitzen oft Dornen aus, dies sind jedoch umgewandelte Blütenstände wie z. B. bei *R. spinosa*.

Stayneria L. Bolus

Vorkommen:

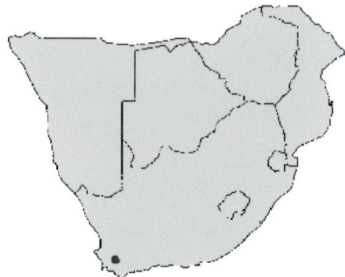

Stayneria ist monotypisch:

S. neilii (L. Bolus) L. Bolus

Stayneria ist selten in Kultur, die Pflanzen werden mit der Zeit recht groß und wachsen meist im Winter.

Stayneria neilii, Koningsrivierdam

Stomatium – Gruppe

Fast alle Gattungen dieser Gruppe sind häufig in Kultur vertreten, viele sind sogar fürs Fensterbrett geeignet.

Die Gattung *Faucaria* ist am bekanntesten und wird oft als „Tigerrachen" bezeichnet. Die Pflanzen blühen leicht und sind Anfängern zu empfehlen. Manchmal bekommt man in Blumenläden auch Pflanzen der Gattung *Stomatium*, diese sind bedeutend zierlicher, und die kleinen Blüten erscheinen nachts.

In der Stomatium–Gruppe gibt es kleinbleibende Pflanzen mit moosartigem Wuchs (*Neohenricia, Mossia*), aber auch große dickfleischige Pflanzen (z. B. *Faucaria*).

Alle Gattungen haben ihre Wachstumszeit im Sommer. Die Blüten einiger Gattungen (z. B. *Stomatium, Neohenricia*) öffnen sich erst bei Dunkelheit und duften stark.

Die Gruppe besteht aus 10 Gattungen:

Frithia

Chasmatophyllum
Peersia
Rabiea
Rhinephyllum
Stomatium

Mossia
Neohenricia

Faucaria
Orthopterum

Frithia N.E.Br.

Vorkommen:

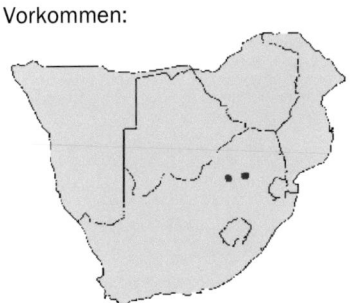

Arten:

F. humilis Burgoyne
F. pulchra N.E.Br.

Die Blätter von *Frithia* bilden kleine Rosetten und besitzen an den Enden Fensterflächen ähnlich *Lithops*. In der Natur wachsen die Pflanzen oft völlig im Boden eingesenkt, und nur die Fensterflächen sind zu erkennen. In Kultur sollten die Blätter aber über dem Substrat stehen, sonst fault die Pflanze sehr schnell.

F. pulchra ist sehr häufig durch Massenvermehrung in Kultur, in der Natur kommt sie nur an zwei Standorten vor.

F. humilis ist bedeutend kleiner und hieß früher *F. pulchra v. minor*.

Die Blüten von *Frithia* erscheinen im Sommer und sind weiß bis rötlich.

Ähnlich, aber nicht verwandt, ist die Gattung *Fenestraria*, deren Blütenfarbe ist jedoch weiß bis gelb. Weiterhin sitzen die viel größeren Blüten an langen Stielen und blühen im Herbst und Winter.

Chasmatophyllum Dinter & Schwantes

Vorkommen:

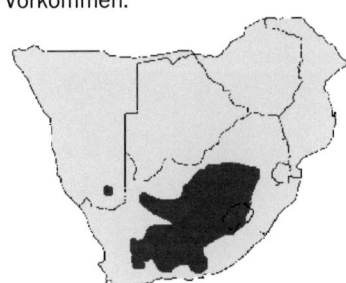

Arten:

C. braunsii Schwantes
C. maninum L. Bolus
C. musculinum (Haworth) Dinter & Schwantes
C. nelii Schwantes
C. stanleyi (L. Bolus) H.E.K.Hartmann
C. verdoorniae (N.E.Br.) L. Bolus
C. willowmorense (L. Bolus) L. Bolus

Die Pflanzen sind einfach in Kultur, aber in den Sammlungen relativ selten zu finden. Die kriechenden Triebe lassen sich leicht bewurzeln. Die gelben Blüten von *Chasmatophyllum* öffnen sich nachmittags.

Frithia pulchra & Frithia humilis

Rabiea albipuncta mit Blüte

Frithia humilis, Standortnachbildung

Rabiea albipuncta, New Bethesda

Chasmatophyllum musculinum

Rhinephyllum parvifolium, Kendrew

Peersia macradenia, 32km n Nieuwoudtville

Rhinephyllum aff. inaequale, W Seekoegat

Peersia L. Bolus

Vorkommen:

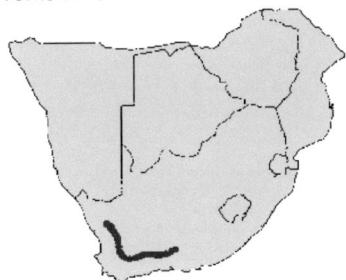

Arten:

P. frithii (L. Bolus) L. Bolus
P. macradenia (L. Bolus) L. Bolus
P. vanheerdei (L. Bolus) Hartmann

Die Gattung *Peersia* gehörte lange Zeit zu *Rhinephyllum*, wurde aber wieder separat gestellt.
P. frithii (früher *Rhinephyllum frithii*) ist häufig in Kultur, die gelben Blüten öffnen sich nachmittags oder abends.

Rabiea N.E.Br.

Vorkommen:

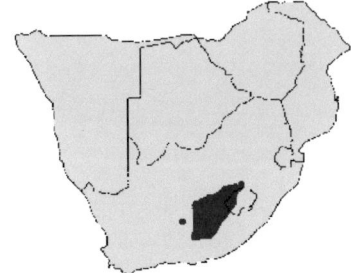

Arten:

R. albinota (Haworth) N.E.Br.
R. albipuncta (Haworth) N.E.Br.
R. comptonii (L. Bolus) L. Bolus
R. difformis (L. Bolus) L. Bolus
R. jamesii (L. Bolus) L. Bolus
R. lesliei N.E.Br.

Die Blätter von *Rabiea* bilden kleine Rosetten und sind sehr hart. *Rabiea* ist überhaupt eine sehr harte Pflanze, die in der Natur große Hitze und auch Frost verträgt. Dennoch ist die Gattung in Europa nicht winterhart, da die Pflanzen den Winter über trocken stehen müssen. Die gelben Blüten erscheinen in Mitteleuropa nicht sehr oft.

Rhinephyllum N.E.Br.

Vorkommen:

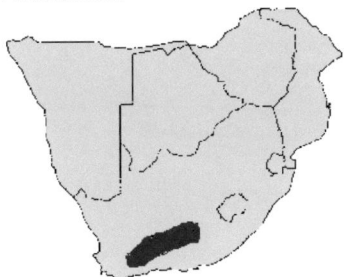

Arten:

R. broomii L. Bolus
R. comptonii L. Bolus
R. graniforme (Haworth) L. Bolus
R. inaequale L. Bolus
R. luteum (L. Bolus) L. Bolus
R. muirii N.E.Br.
R. obliquum L. Bolus
R. parvifolium L. Bolus
R. pillansii N.E.Br.
R. rouxii L. Bolus
R. schonlandii L. Bolus

Synonym: *Neorhine*

Die Pflanzen bilden kleine Rosetten ähnlich *Stomatium* oder *Titanopsis*, oft auch mit warzigen Blättern. Viele Arten sind kurzlebig wie *Stomatium*. Die Blüten sind gelb und öffnen sich erst am späten Nachmittag.
Rhinephyllum ist selten in Kultur, die bekannteren Arten wie *R. frithii* gehören jetzt zu *Peersia*.

Stomatium Schwantes

Vorkommen:

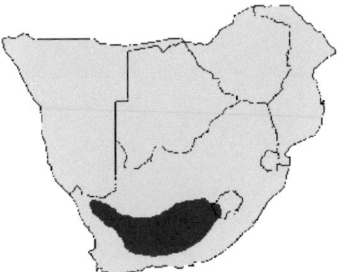

Arten:

S. acutifolium L. Bolus
S. agninum (Haworth) Schwantes

Rhinephyllum muirii, Kareevlakte

Mossia intervallaris, Sterkstroom

Stomatium trifarium

Neohenricia sibbettii, Grasberg

Stomatium meyeri, Animub

Neohenricia sibbettii im Größenvergleich

Stomatium sp. mit nächtlichen Blüten

Neohenricia spiculata, NE Starkstroom

S. alboroseum L. Bolus
S. angustifolium L. Bolus
S. beaufortense L. Bolus
S. bolusiae Schwantes
S. braunsii L. Bolus
S. bryantii L. Bolus
S. deficiens L. Bolus
S. difforme L. Bolus
S. duthiae L. Bolus
S. erminium (Haworth) Schwantes
S. fulleri L. Bolus
S. geoffreyi L. Bolus
S. gerstneri L. Bolus
S. grandidens L. Bolus
S. integrum L. Bolus
S. jamesii L. Bolus
S. latifolium L. Bolus
S. lesliei (Schwantes) Volk
S. leve L. Bolus
S. loganii L. Bolus
S. middelburgense L. Bolus
S. murinum (Haworth) Schwantes ex Jacobsen
S. mustelinum (Haworth) Schwantes
S. patulum Jacobsen
S. paucidens L. Bolus
S. peersii L. Bolus
S. pluridens L. Bolus
S. resedolens L. Bolus
S. ronaldii L. Bolus
S. rouxii L. Bolus
S. ryderae L. Bolus
S. suaveolens (Schwantes) Schwantes
S. suricatinum L. Bolus
S. trifarium L. Bolus
S. villetii L. Bolus
S. viride L. Bolus

Synonym: *Agnirictus*

Die Blätter bilden kleine Rosetten und sind oft ge-zähnt, deshalb wird *Stomatium* von Anfängern oft für eine *Faucaria* gehalten, die Pflanzen sind aber be-deutend kleiner.
Stomatium sollte nicht zu schattig stehen, ansons-ten verlieren die Pflanzen ihre kompakte Wuchs-form. Leider sind fast alle Arten recht kurzlebig, eine Anzucht aus Samen ist jedoch einfach.
Die Blüten sind weiß oder gelb und öffnen sich erst bei Anbruch der Dunkelheit. Sie duften sehr stark und sind bis nach Mitternacht geöffnet.
Die oft in Kultur befindlichen Arten *S. niveum* (weiß-blühend) und *S. pyrodorum* (gelbblühend) heißen jetzt *S. alboroseum* bzw. *S. mustelinum*.

Mossia N.E.Br.

Vorkommen:

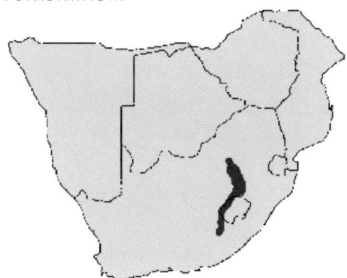

Mossia ist monotypisch:

M. intervallaris (L. Bolus) N.E.Br.

Mossia ist selten in Kultur und dem Anfänger nicht zu empfehlen. Die Pflanzen haben eine kriechende polsterbildende Wuchsform ähnlich *Neohenricia*. Die Pflanzen sollten immer leicht besprüht werden, ansonsten vertrocknen sie schnell. Die weiß–gelben Blüten öffnen sich nur nachts.

Neohenricia L. Bolus

Vorkommen:

Arten:

N. sibbettii (L. Bolus) L. Bolus
N. spiculata S. A. Hammer

Synonym: *Henricia*

N. spiculata ist relativ neu und nicht so oft wie *N. sibbettii* in Kultur zu finden. *N. sibbettii* bildet kleine Polster und benötigt wie auch *Mossia* im Winter gelegentliche Wassergaben. Die Triebe wur-zeln sehr leicht, wobei ältere Teile oft absterben. Die kleinen langstieligen Blüten öffnen sich nachts und duften sehr stark.
N. spiculata ist größer und sieht fast aus wie ein *Stomatium*.

Faucaria felina, Graaf Reinet

Faucaria bosscheana, Duiwefontein

Faucaria bosscheana, Waterford Station

Faucaria bosscheana, Duiwefontein

Faucaria tigrina

Faucaria tuberculosa, Normandale S Bedford

Faucaria aff. Kingiae, Alicedale

Orthopterum coegana, Coegakop

Faucaria Schwantes

Vorkommen:

Arten:

F. bosscheana (A. Berger) Schwantes
F. britteniae L. Bolus
F. felina (Weston) Schwantes
F. gratiae L. Bolus
F. nemorosa L. Bolus ex Groen
F. subintegra L. Bolus
F. tigrina (Haworth) Schwantes
F. tuberculosa (Rolfe) Schwantes

Faucaria ist sehr einfach in Kultur und entsprechend oft in den Sammlungen zu finden. Die Gattung ist leicht an den dreikantigen, mit weichen Zähnchen besetzten Blättern zu erkennen („Tigerrachen"). Die großen gelben oder manchmal auch weißen Blüten erscheinen im Spätsommer. Die Gattung ist auch für die Fensterbank geeignet, die Pflanzen sollten im Winter dann auch etwas Wasser bekommen.
Manche Arten bilden mit der Zeit große Gruppen oder werden auch langstielig. Diese Pflanzen kann man teilen bzw. kürzen, die Stecklinge lassen sich leicht bewurzeln.
F. candida wird oft als Name für die weißblühenden Formen verwendet, ist aber ein Synonym von *F. felina*.

Orthopterum L. Bolus

Vorkommen:

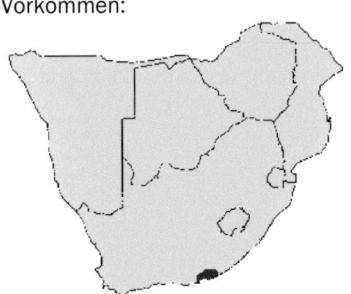

Arten:

O. coeganum L. Bolus
O. waltoniae L. Bolus

Orthopterum ist selten in Kultur und wird oft mit *Faucaria* verwechselt. Die Blätter einiger Klone haben manchmal auch Zähne wie bei *Faucaria*. Die Pflanzen benötigen im Sommer und im Winter eine Ruhezeit und wachsen im Frühjahr und Herbst. *Orthopterum* blüht gelb.
Die Gattung *Carruanthus* ähnelt *Faucaria* und *Orthopterum*, die Blüten sind aber langstieliger.

Titanopsis – Gruppe

Die Gattungen der Titanopsis-Gruppe sind in Kultur weit verbreitet. Der prominenteste Vertreter ist zweifellos die Gattung *Lithops*. Das nachfolgende Kapitel stellt diese Gattung ausführlicher dar.

Sehr oft sind auch die Gattungen *Titanopsis* und *Aloinopsis* in den Sammlungen vertreten.

Die Gruppe besteht aus 15 Gattungen:

Aloinopsis
Deilanthe
Ihlenfeldtia
Nananthus
Prepodesma
Titanopsis
Vanheerdea

Didymaotus
Tanquana

Dinteranthus
Lapidaria
Schwantesia
Lithops

Aloinopsis Schwantes

Vorkommen:

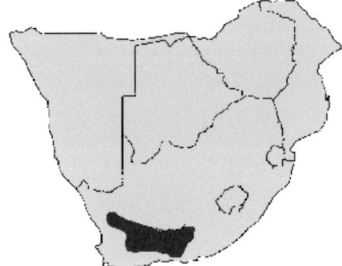

Arten:

A. acuta L. Bolus
A. loganii L. Bolus
A. luckhoffii (L. Bolus) L. Bolus
A. malherbei (L. Bolus) L. Bolus
A. rosulata (Kensit) Schwantes
A. rubrolineata (N.E.Br.) Schwantes
A. schooneesii L. Bolus
A. spathulata (Thunberg) L. Bolus

Synonyme:

Acaulon
Aistocaulon

Viele Arten der Gattung *Aloinopsis* sind *Titanopsis* sehr ähnlich, die Blätter haben eine ebenso raue und oft warzige Oberfläche. Oft wird *Aloinopsis* auch mit den Gattungen *Prepodesma*, *Deilanthe* und *Nananthus* verwechselt.

Die Pflanzen sollten sehr hell stehen, ansonsten verlieren die Blätter ihren Habitus. Die oft schön gestreiften Blüten erscheinen im Herbst oder auch im zeitigen Frühjahr und benötigen viel Licht zum Öffnen, was in Mitteleuropa nicht einfach ist.

Die Pflanzen sollten im Sommer nur vorsichtig gegossen werden, im Winter müssen sie trocken stehen. Viele Arten haben eine Rübenwurzel, ein durchlässiges Substrat ist erforderlich, um Fäulnis zu vermeiden.

A. orpenii heißt jetzt *Prepodesma orpenii*, weitere oft kultivierte Arten gehören jetzt zu *Deilanthe*.

Deilanthe N.E.Br.

Vorkommen:

Arten:

D. hilmarii (L. Bolus) Hartmann
D. peersii (L. Bolus) N.E.Br.
D. thudichumii (L. Bolus) S. A. Hammer

Die Gattung *Deilanthe* wurde von *Aloinopsis* abgetrennt, besonders *D. thudichumii* ist häufig in Kultur. Die Blätter sind nicht warzig, oft jedoch samtig. Die Pflanzen haben Rübenwurzeln und sind wie *Aloinopsis* zu kultivieren, die gelben Blüten erscheinen ebenso im zeitigen Frühjahr und öffnen sich erst am späten Nachmittag.

Aloinopsis luckhoffii (setifera)

Deilanthe thudichumii, nw Sutherland

Aloinopsis malherbei

Ihlenfeldtia vanzylii, Witkoppies, SSO Pofadder

Aloinopsis rubrolineata, Kendrew

Rübenwurzel bei Nananthus spec.

Aloinopsis spathulata

Nananthus spec. in Blüte

Ihlenfeldtia Hartmann

Vorkommen:

Arten:

I. excavata (L. Bolus) Hartmann
I. gamoepensis (S. A. Hammer)
I. vanzylii (L. Bolus) Hartmann

Die Gattung ist nach Prof. Dr. H.-D. Ihlenfeldt aus dem Botanischen Institut der Universität Hamburg benannt.
Die Gattung *Ihlenfeldtia* sieht aus wie eine *Cheiridopsis*, die Blüten und Kapseln sind aber charakteristisch für die Titanopsis–Gruppe.
Die Pflanzen wachsen im Herbst, die herrlichen gelben Blüten erscheinen im mitteleuropäischen Winter leider nur selten.

Nananthus N.E.Br.

Vorkommen:

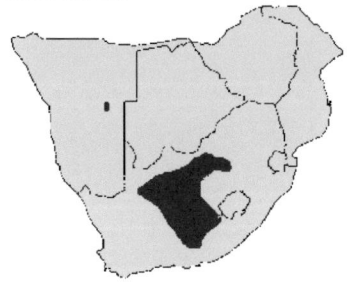

Arten:

N. aloides (Haworth) Schwantes
N. gerstneri (L. Bolus) L. Bolus
N. margaretiferus L. Bolus
N. pallens (L. Bolus) L. Bolus
N. pole-evansii N.E.Br.
N. vittatus (N.E.Br.) Schwantes

Die Gattung *Nananthus* wird oft mit *Aloinopsis* verwechselt. Die Pflanzen bilden kleine Rosetten ähnlich *Rabiea*, die Blätter haben eine gepunktete, raue Oberfläche. Die oft schön gestreiften Blüten erscheinen im Spätsommer und öffnen sich erst nachmittags.
Die Pflanzen sollten im Sommer nur vorsichtig gegossen werden, im Winter müssen sie trocken stehen. Alle Arten bilden eine Rübenwurzel und erfordern ein durchlässiges Substrat.

Prepodesma N.E.Br.

Vorkommen:

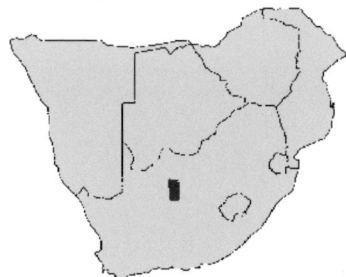

Prepodesma ist monotypisch:

P. orpenii N.E.Br.

Die Gattung *Prepodesma* wurde von *Aloinopsis* abgetrennt, *P. orpenii* ist häufig in Kultur.
Die Pflanzen sind wie *Aloinopsis* zu kultivieren, die gelben Blüten erscheinen im zeitigen Frühjahr.

Titanopsis Schwantes

Vorkommen:

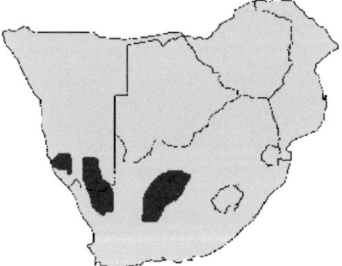

Arten:

T. calcarea (Marloth) Schwantes
T. hugo-schlechteri (Tischer) Dinter & Schwantes
T. schwantesii (Schwantes) Schwantes

Synonym: *Verrucifera*

Die Pflanzen der Gattung *Titanopsis* bilden kleine Rosetten und sind in Kultur wegen der warzigen Blätter und der schönen Blüten sehr beliebt.

Nananthus spec., Enkelekoppie

Titanopsis calcarea (fulleri)

Nananthus wilmaniae, Griqualand West

Titanops hugo-schlechteri (v.alboviridis)

Prepodesma orpenii, 23km e Kuruman

Titanopsis primosii, seltene weiße Blüte

Titanopsis calcarea, Grootdoring

Titanopsis primosii, Gamoep, Bushmanland

T. calcarea wächst meist im Sommer und blüht im späten Herbst, die Pflanzen sollten im Winter trocken stehen und im Sommer nur vorsichtig gegossen werden. Die anderen Arten wachsen etwas mehr im Winter, und die Blüten erscheinen im Frühjahr. Die Blüten von *Titanopsis* sind hellgelb bis orangefarben. In der Vergangenheit wurden viele Arten beschrieben, jedoch sind die meisten davon nur Standortformen. Die häufigsten Synonyme sind den folgenden Arten zuzuordnen:

T. calcarea = *T. fulleri*
T. schwantesii = *T. luederitzii* =*T. primosii*

Sehr ähnlich mit warzigen Blättern ist auch die Gattung *Aloinopsis*.

Vanheerdea L. Bolus ex Hartmann

Vorkommen:

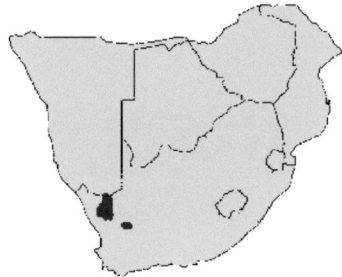

Arten:

V. primosii (L. Bolus) L. Bolus ex Hartmann
V. roodiae (N.E.Br.) L. Bolus ex Hartmann

Synonym: *Rimaria*

Vanheerdea ist sehr selten in Kultur und dem Anfänger nicht zu empfehlen.

Didymaotus N.E.Br.

Vorkommen:

Didymaotus ist monotypisch:

D. lapidiformis (Marloth) N.E.Br.

Der Name *Didymaotus* bezieht sich auf eine Eigenart dieser Gattung: die Pflanzen bilden gleichzeitig zwei Blüten, die symmetrisch aus dem Körper erscheinen. *Didymaotus* ist sehr selten in Kultur, die Pflanzen sind sehr heikel. Sie kommen aus dem Winterregengebiet und sollten sehr trocken gehalten werden. Die weißen bis violetten Blüten erscheinen im Frühjahr.

Tanquana Hartmann & Liede

Vorkommen:

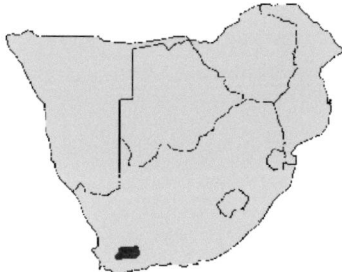

Arten:

T. archeri (L. Bolus) Hartmann & Liede
T. hilmari (L. Bolus) Hartmann & Liede
T. prismatica (Schwantes) Hartmann & Liede

Die Arten der Gattung *Tanquana* gehörten früher zu *Pleiospilos*, die Pflanzen sind aber kleiner und sehen fast wie ein *Lithops* aus.
Tanquana ist in Kultur nicht einfach, bei zuviel Feuchtigkeit platzen die Körper leicht auf. Im Sommer darf nur vorsichtig gegossen werden, im Winter sollten sie ganz trocken stehen. *Tanquana* absorbiert das Wasser aus den alten Blättern wie bei *Lithops* beschrieben. Die gelben Blüten erscheinen im Herbst.

Vanheerdea divergens, Bushmanland

Lapidaria margareta, 3blättrige Formen

Tanquana hilmari

Lapidaria margaretae, Eendoorn

Dinteranthus vanzylii, 20km s Pofadder

Schwantesia ruedebuschii

Dinteranthus puberulus, 20km S Pofadder

Schwantesia triebneri, Namies, Pofadder

Dinteranthus Schwantes

Vorkommen:

Arten:

D. *inexpectatus* Dinter ex Jacobsen
D. *microspermus* (Dinter & Derenberg) Schwantes
D. *pole-evansii* (N.E.Br.) Schwantes
D. *puberulus* N.E.Br.
D. *vanzylii* (L. Bolus) Schwantes
D. *wilmotianus* L. Bolus

Synonym: *Rimaria*

Die Gattung *Dinteranthus* besteht aus hochsukkulenten Arten und ist sehr gesucht, aber auch schwierig in Kultur.
Vor allem die Arten *D. vanzylii* und *D. pole-evansii* sind einem *Lithops* zum Verwechseln ähnlich!
Allerdings sollten sie viel trockener und sonniger gehalten werden. Eine Ruhezeit im Winter und Hochsommer sollte eingehalten werden, im Herbst erscheinen dann die schönen gelben Blüten.
Unter dem Namen "Dinterops" ist auch eine Hybride zwischen *D. vanzylii* und *Lithops lesliei* in den Sammlungen zu finden, näheres dazu am Ende des Kapitels Lithops.

Lapidaria (Dinter & Schwantes) N.E.Br.

Vorkommen:

Lapidaria ist monotypisch:

L. margaretae (Schwantes) Dinter & Schwantes ex N.E.Br.

L. margaretae ist leicht an den scharfkantigen Blättern zu erkennen. Bei ausreichend Licht sind diese grau oder rötlich gefärbt. Die Pflanzen sollten sehr trocken stehen, die gelben Blüten erscheinen im mitteleuropäischen Winter recht selten. Bei optimalen Bedingungen sind nur wenige Blattpaare vorhanden.
Die Gattung ist dem Anfänger nicht zu empfehlen.

Schwantesia Dinter

Vorkommen:

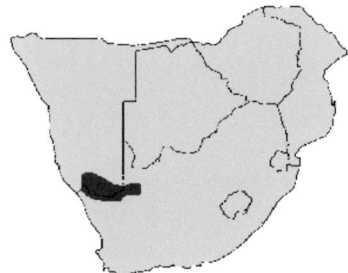

Arten:

S. *acutipetala* L. Bolus
S. *borcherdsii* L. Bolus
S. *constanceae* Zimmermann
S. *herrei* L. Bolus
S. *loeschiana* Tischer
S. *marlothii* L. Bolus
S. *pillansii* L. Bolus
S. *ruedebuschii* Dinter
S. *speciosa* L. Bolus
S. *succumbens* (Dinter) Dinter
S. *triebneri* L. Bolus

Die Gattung *Schwantesia* ist etwas heikel in Kultur wie auch die nahe Verwandte *Lapidaria*. Die Pflanzen dürfen nur selten gegossen werden, in der winterlichen Ruhezeit sollten sie bei niedrigen Temperaturen ganz trocken stehen. Die gelben Blüten erscheinen im Herbst. *Schwantesia* braucht viel Licht und ist nicht fürs Fensterbrett geeignet.

Lithops N.E.Br.

Lithops stellt wohl die bekannteste Gattung der Mesembs dar, fast jeder kennt die "lebenden Steine". Deshalb wird diese Gattung auch ausführlicher behandelt.

Vorkommen:

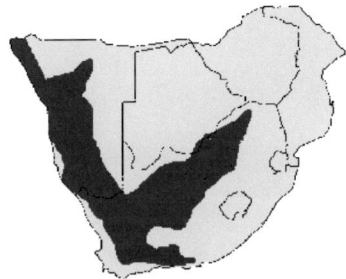

Arten:

L. amicorum
L. aucampiae
L. bromfieldii
L. coleorum
L. comptonii
L. dinteri
L. divergens
L. dorotheae
L. francisci
L. fulviceps
L. gesinae
L. geyeri
L. gracilidelineata
L. hallii
L. helmutii
L. hermetica
L. herrei
L. hookeri
L. julii
L. karasmontana
L. lesliei
L. localis
L. marmorata
L. meyeri
L. naureeniae
L. olivacea
L. optica
L. otzeniana
L. pseudotruncatella
L. ruschiorum
L. salicola
L. schwantesii
L. steineckeana
L. vallis-mariae

L. verruculosa
L. villetii
L. viridis
L. werneri

Die ersten *Lithops* wurden 1811 von dem englischen Botaniker William J. Burchell entdeckt. Haworth beschrieb diese Pflanzen 1821 als *Mesembryanthemum turbiniforme*. 1922 stellte N. E. Brown dann die Gattung *Lithops* auf. Bis heute wurde eine Vielzahl weiterer Arten entdeckt. Der jüngste Fund ist *Lithops amicorum*. Diese Pflanze wurde 2006 von Cole beschrieben. Prof. Desmond Cole ist der bedeutendste Mann in Sachen Lithops; seine Aufteilung der Gattung in Arten und Formen stellt heute den Standard dar, eine Bezeichnung der Pflanzen mit Cole-Nummern ist allgemein üblich (es gibt jedoch auch Standorte ohne Cole-Nummer). So ist z. B. C188 als *Lithops werneri* mit dem Fundort 25 km NNE Usakos, Namibia definiert. Eine Liste dieser Nummern ist im Anhang A zu finden.

Lithops bestehen aus zwei miteinander verbundenen Blättern (Loben). Die annähernd runde Form der Pflanze stellt das beste Verhältnis aus Blattvolumen und Blattoberfläche dar, die Verdunstung wird minimiert. Durch die Stirnflächen der Blätter kann Licht durch transparente Fenster in die Pflanze eindringen, die Photosynthese erfolgt dabei an den Innenseiten der Blätter.
Die Pflanzen bilden jährlich ein Paar neue Blätter aus. Dies geschieht im Frühjahr und erfordert kaum Wassergaben, das alte Blattpaar liefert die Feuchtigkeit und vertrocknet. Ist die Pflanze groß genug, entstehen durch Teilung bei vielen Arten kleine Gruppen.
Eine Teilung der Gruppen ist möglich, jedoch dem Anfänger nicht zu empfehlen. Eine Bewurzelung von Stecklingen wie z. B. bei *Conophyten* ist bei *Lithops* schwieriger, ein Wurzelstück sollte nach der Teilung an jeder Pflanze noch vorhanden sein. Der Vegetationspunkt der Pflanzen liegt kurz über der Wurzel, deshalb ist eine Verletzung der oberen Teile bei trockener Luft unproblematisch. In der Natur werden die Köpfe teilweise auch von Tieren verletzt bzw. gefressen, im folgenden Jahr hat sich die Pflanze wieder regeneriert. Ist aber der untere Pflanzenteil durch Fäulnis zerstört, ist die Pflanze nicht mehr zu retten, auch wenn die Blätter noch fest sind.
Lithops stammen aus ariden Gebieten, der jährliche Niederschlag am Standort ist sehr gering. Bedingt durch die hohe Differenz aus Tages- und Nachttem-

peraturen erhalten die Pflanzen ausreichend Feuchtigkeit durch den Tau.

In Kultur brauchen *Lithops* viel Licht und frische Luft. *Lithops* sind eigentlich keine Zimmerpflanzen, eine kühle Überwinterung und damit eine Ruhezeit ist unbedingt nötig. Ein Wärmestau im Südfenster ist für die Pflanzen oft das Ende, besser sind die Pflanzen an einer geschützten Stelle auf dem Balkon untergebracht. Bei einer Aufstellung im Gewächshaus ist auf eine gute Lüftung zu achten. Im Frühjahr ist bei starker Sonneneinstrahlung eventuell sogar eine Schattierung erforderlich, ansonsten verbrennen die Pflanzen schon innerhalb eines Tages. Grüne und graue Arten *(L. optica, L. marmorata)* sind dabei weniger hitzeempfindlich wie die braunen Arten *(L. hallii, L. aucampiae)*. Frühbeetkästen oder ähnliche Behältnisse sind wegen des zu geringen Luftvolumens ungeeignet.

Am besten pflanzt man mehrere Pflanzen in eine Schale, die Wasserhaltung und Temperatur des Substrates ist dabei stabiler als in kleinen Töpfen. *Lithops* bilden zum Teil beträchtliche Pfahlwurzeln, das Pflanzgefäß sollte ausreichend tief sein und Wasserabzugslöcher besitzen.

Während der Wachstumszeit wird in regelmäßigen Abständen gegossen, das Substrat sollte zwischendurch immer abtrocknen. Ein kräftiges Gießen ist dem Anstauen vorzuziehen, da ansonsten das Substrat im Laufe der Zeit mit Salzen angereichert wird.

In der Ruhezeit im Winter brauchen die Pflanzen kein Wasser. Zu empfehlen ist eine Temperatur von 5–10°C. Bei höheren Temperaturen ist ein gelegentliches Anfeuchten des Substrates empfehlenswert, damit die Pflanzen nicht allzu sehr schrumpfen.

Normal gegossen wird erst, wenn das alte Blattpaar abgetrocknet ist. Wird zu früh gegossen, wächst das neue Blattpaar zu schnell heran, das alte Blattpaar reißt dann auf, im Extremfall tritt das neue Blattpaar seitlich heraus. Durch die Verletzung der Pflanze ist die Gefahr von Fäulnis sehr groß.

Die Wachstumszeit dauert etwa von April bis Oktober, die gelben oder weißen Blüten erscheinen am Ende der Vegetationszeit. Einige Arten sind Winterwachser, die Vegetationszeit ist dabei ein paar Monate später.

Eine Besonderheit (die jedoch nicht selten ist) sind 3–lobige Pflanzen. Leider ist dieses Merkmal nicht stabil, d. h. im darauf folgenden Jahr ist die Pflanze oft wieder „normal".

Im Folgenden werden die Arten etwas ausführlicher vorgestellt:

Lithops amicorum Cole

Vorkommen:

Typstandort:
75km SE Aus, Namibia (C410)

Diese neue Art ist noch nicht in den Sammlungen vertreten.

Lithops aucampiae L. Bolus

Vorkommen:

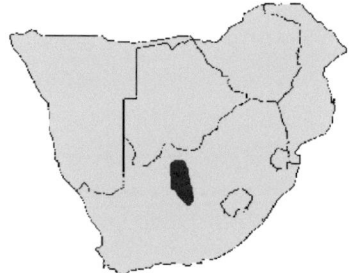

L. aucampiae ist für den Anfänger gut geeignet, die Pflanzen werden recht groß und haben gelbe Blüten. Von dieser Art gibt es 2 Unterarten und 4 Varietäten:

L. aucampiae ssp. aucampiae v. aucampiae L. Bolus, Typstandort 15km NNW Postmasburg (C255). Weiterhin gibt es noch eine *'Kuruman form'.*

L. aucampiae ssp. aucampiae v. koelemanii (De Boer) Cole, *Typstandort 35km NW Postmasburg (C016)*

L. aucampiae ssp. euniceae v. euniceae (De Boer) Cole, Typstandort 15km N Hopetown (C048)

L. aucampiae ssp. euniceae v. fluminalis Cole, Typstandort nr. Hopetown (C054)

L. karasmontana, Namibia, Standortfoto

blühende L. lesliei in Kultur

Variation von L. karasmontana 'mickbergensis'

ungewollte Bestäuber im Gewächshaus

3-lobige und grüne Variante von L. localis (C345)

seitliches Herausbrechen der Blüte bei L. julii

Sehr selten: 2 Blüten bei L. hallii

L. geyeri C232 mit verwelkender Blüte

Lithops bromfieldii L. Bolus

Vorkommen:

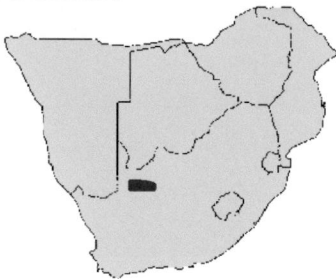

L. bromfieldii ist einfach in der Kultur, die Pflanzen haben gelbe Blüten.
Von dieser Art gibt es 4 Varietäten:

L. bromfieldii v. bromfieldii L. Bolus, Typstandort 15km ENE Upington (C040)

L. bromfieldii v. glaudinae (De Boer) Cole, Typstandort 70km WNW Griekwastad (C116)

L. bromfieldii v. insularis (L. Bolus) Fearn, sehr beliebt ist hier ein grüner Cultivar 'Sulphurea' (C362)

L. bromfieldii v. mennellii (L. Bolus) Fearn, Typstandort 25km SSW Upington (C044)

Lithops coleorum S.A. Hammer & R.Uijs

Vorkommen:

Typstandort:
nr. Ellisras, (C396)

Diese Art ist relativ neu, ist aber schon recht häufig in den Sammlungen vertreten. *L. coleorum* blüht gelb und ist nach Desmond und Naureen Cole benannt.

Lithops comptonii L. Bolus

Vorkommen :

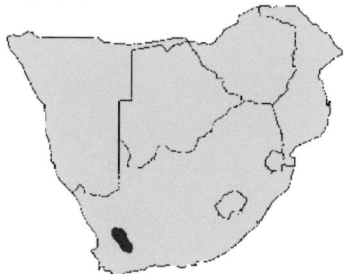

L. comptonii ist eine schwierige Art, die auch selten in den Sammlungen vertreten ist. *L. comptonii* blüht gelb.
Von dieser Art gibt es 2 Varietäten:

L. comptonii v. comptonii L. Bolus

L. comptonii v. weberi (Nel) Cole, Typstandort 70km S Calvinia (C126)

Lithops dinteri Schwantes

Vorkommen:

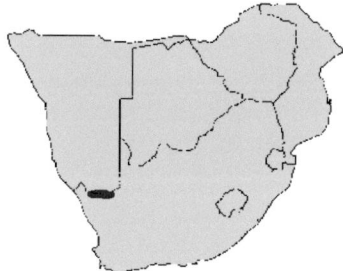

L. dinteri ist nicht sehr schwierig in Kultur, trotzdem aber nur wenig vertreten. Die Pflanzen blühen gelb.
Von dieser Art gibt es 3 Unterarten und 2 Varietäten:

L. dinteri ssp. dinteri v. dinteri Schwantes, Typstandort 40km SSE Warmbad, Namibia (C206)

L. dinteri ssp. dinteri v. brevis (L. Bolus) Fearn

L. dinteri ssp. frederici (Cole) Cole, Typstandort 30km NW Pofadder (C180)

L. dinteri ssp. multipunctata (De Boer) Cole, Typstandort 65km SE Warmbad, Namibia (C181)

L. aucampiae (Kuruman Form) C325

L. aucampiae (Kuruman Form) C332

L. aucampiae 'Jackson's Jade' C395

L. bromfieldii v. insularis 'Sulphurea' C362

L. aucampiae 'Storm's Snowcap' C392

L. bromfieldii v. mennellii C44

L. aucampiae ssp. euniceae v. fluminalis C54

L. coleorum C396

Lithops divergens L. Bolus

Vorkommen :

L. *divergens* ist eine schwierige Art, sie ist sehr selten in den Sammlungen vertreten. L. *divergens* blüht gelb.
Von dieser Art gibt es 2 Varietäten:

L. *divergens* v. *amethystina* De Boer, Typstandort 35km NNW Vanrhynsdorp (C202)

L. *divergens* v. *amethystina* De Boer, Typstandort 80km WNW Loeriesfontein (C270)

Lithops dorotheae Nel

Vorkommen:

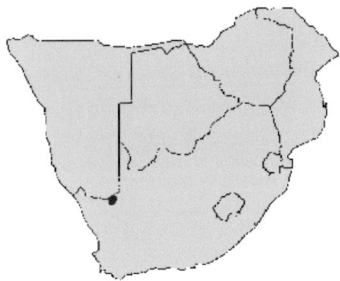

Typstandort:
15km N Pofadder (C124)

L. *dorotheae* ist meines Erachtens neben L. *otzeniana* die schönste Art der Gattung *Lithops*! Die Pflanzen sind relativ selten, bereiten aber in Kultur keine Schwierigkeiten. Die Blütenfarbe ist gelb.

Lithops francisci (Dinter & Schwantes) N.E.Br.

Vorkommen:

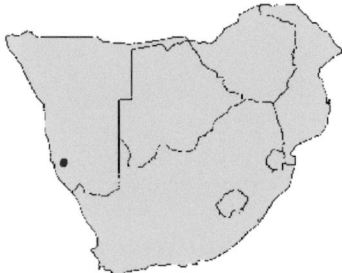

Typstandort:
35km E Lüderitz, Namibia (C140)

Die gelben Blüten erscheinen recht selten, und die Kultur ist nicht ganz einfach. Diese Art ist für Anfänger nicht zu empfehlen.

Lithops fulviceps (N.E.Br.) N.E.Br.

Vorkommen:

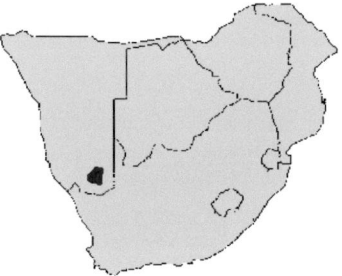

L. *fulviceps* ist leicht an den Punkten auf der Blattoberfläche zu erkennen. Die Pflanzen blühen gelb und sind relativ einfach in der Pflege. Besonders schön ist die grüne Kulturform 'Aurea' (C363) mit weißen Blüten.
Von dieser Art gibt es 3 Varietäten:

L. *fulviceps* v. *fulviceps* (N.E.Br.) N.E.Br., Typstandort 75km N Karasburg, Namibia (C220)
Von dieser Varietät ist auch eine Form **'lydiae'**, 60km N Karasburg, Namibia (C219) beschrieben.

L. *fulviceps* v. *lactinea* Cole, Typstandort 100km ESE Keetmanshoop, Namibia (C222)

L. *fulviceps* v. *laevigata* Cole, Typstandort 90km NE Pofadder, South Africa (C412).

L. comtonii C125

L. dorotheae

L. dinteri C206

L. dorotheae C300

L. dinteri ssp. multipunctata C326

L. francisci C371

L. divergens v. amethystina C270

L. fulviceps 'Aurea' C363

Lithops gesinae De Boer

Vorkommen :

L. gesinae ist in den Sammlungen selten, obwohl die Pflanzen nicht schwierig in Kultur sind. L. gesinae kann eventuell mit L. lesliei und L. coleorum verwechselt werden, in der Natur sind aber die Standorte sehr weit voneinander entfernt. Die gelben Blüten duften sehr stark.

Von dieser Art gibt es 2 Varietäten:

L. gesinae v. gesinae De Boer, Typstandort 70km N Aus, Namibia (C207)

L. gesinae v. annae (De Boer) Cole, Typstandort 25km SW Helmeringhausen, Namibia (C078)

Lithops geyeri Nel

Vorkommen:

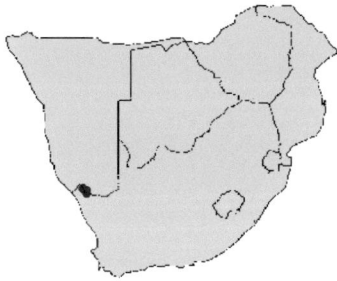

Typstandort:
75km ENE Alexander Bay (C274). Weiterhin gibt es eine Form 'hillii'.

L. geyeri gehört zu den „grünen" Lithops. Die Pflanzen sind nicht unbedingt für Anfänger geeignet und von den nahen Verwandten L. herrei und L. helmutii kaum zu unterscheiden. L. geyeri blüht gelb.

Lithops gracilidelineata Dinter

Vorkommen:

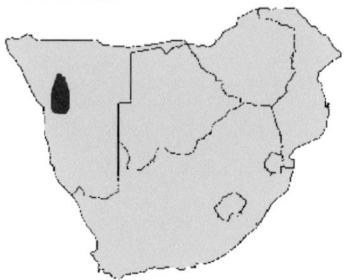

L. gracilidelineata ist leicht an den dünnen Linien zu erkennen. Die Pflanzen bilden keine großen Gruppen wie viele andere Arten. Die gelben Blüten duften stark und erscheinen ziemlich früh im Spätsommer. L. gracilidelineata sollte etwas trockener gehalten werden, ansonsten ist die Art nicht schwierig in Kultur. L. gracilidelineata ist bei Liebhabern sehr begehrt.

Von dieser Art gibt es 2 Unterarten und 2 Varietäten:

L. gracilidelineata ssp. gracilidelineata v. gracilidelineata Dinter, Typstandort 75km NW Usakos, Namibia (C261). Davon gibt es noch die Form 'streyi', 25km SE Franzfontein, Namibia (C373)

L. gracilidelineata ssp. gracilidelineata v. waldroniae De Boer, Typstandort 60km SE Swakopmund, Namibia (C189)

L. gracilidelineata ssp. brandbergensis (De Boer) Cole, Typstandort Brandberg, Namibia (C383)

Lithops hallii De Boer

Vorkommen:

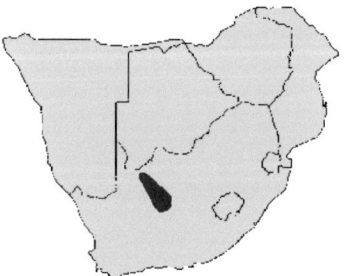

L. hallii ist sehr verbreitet in den Sammlungen und auch für den Anfänger zu empfehlen. L. hallii kann leicht mit L. hookeri verwechselt werden, hier schafft

L. fulviceps v. lactinea C222

L. geyeri C274

L. fulviceps C390

L. gracilidelineata C374

L. gesinae C207

L. gracilidelineata C385

L. gesinae

L. gracilidelineata v. waldroniae C189

die Blütenfarbe Klarheit: *L. hallii* blüht weiß und *L. hookeri* gelb.
Von dieser Art gibt es 2 Varietäten:

L. hallii v. hallii De Boer
Weiterhin sind 2 Formen beschrieben **'brown form'** und **'salicola reticulata'**.

L. hallii v. ochracea (De Boer) Cole, Typstandort 10km NW Upington (C059)

Lithops helmutii L. Bolus

Vorkommen:

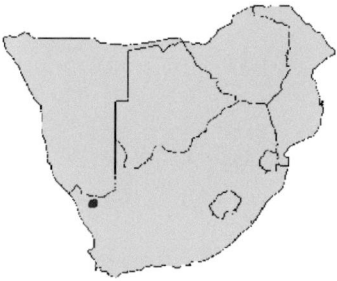

Typstandort:
15km NE Steinkopf (C271)

L. helmutii gehört zu den „grünen" Lithops. Die Pflanzen sind in Kultur recht verbreitet, aber von den nahen Verwandten *L. herrei* und *L. geyeri* kaum zu unterscheiden. *L. helmutii* blüht gelb.

Lithops hermetica Cole

Vorkommen:

Typstandort:
Tsaus plateau, Namibia (C397)

L. hermetica wurde erst kürzlich beschrieben und ist in den Sammlungen nur selten vertreten.

Lithops herrei L. Bolus

Vorkommen:

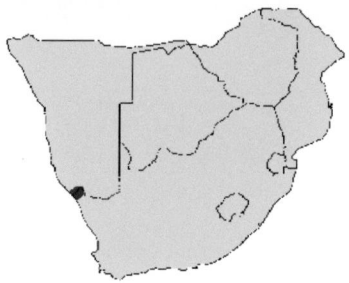

Typstandort:
35km NE Alexander Bay (C235), weiterhin ist eine Form **'translucens'** beschrieben.

L. herrei gehört zu den „grünen" Lithops. Die Pflanzen sind in Kultur recht verbreitet, aber von den nahen Verwandten *L. helmutii* und *L. geyeri* kaum zu unterscheiden. *L. herrei* blüht gelb.

Lithops hookeri (Berger) Schwantes

Vorkommen:

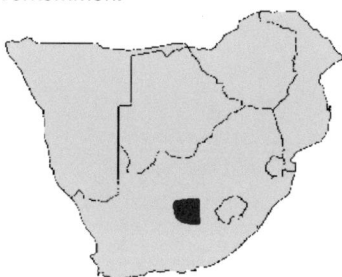

L. hookeri ist sehr verbreitet in den Sammlungen und auch für den Anfänger zu empfehlen. *L. hookeri* kann leicht mit *L. hallii* verwechselt werden, hier schafft die Blütenfarbe Klarheit: *L. hallii* blüht weiß und *L. hookeri* gelb.
Von dieser Art gibt es 7 Varietäten:

L. hookeri v. hookeri (Berger) Schwantes
Weiterhin ist auch eine **'Vermiculate form'** beschrieben.

L. hookeri v. dabneri (L. Bolus) Cole, Typstandort 25km S Kimberley (C013)

L. hookeri v. elephina (Cole) Cole, Typstandort 10km N Britstown (C092)

L. hallii C119

L. herrei 'translucens' C236

L. hallii v. ochracea C111

L. hookeri v. marginata C154

L. hallii

L. hookeri C23

L. helmutii C271

L. hookeri v. marginata C155

L. hookeri v. lutea (De Boer) Cole, Typstandort 5km NE Groblershoop (C038)

L. hookeri v. marginata (Nel) Cole, Typstandort 25km SE Hopetown (C035). Zwei weitere Formen sind beschrieben: **'Cerise form'** und **'Red-brown form'**.

L. hookeri v. subfenestrata (De Boer) Cole, Typstandort 15km SSW Prieska (C021), eine Form **'brunneoviolacea'** ist beschrieben.

L. hookeri v. susannae (Cole) Cole, Typstandort 30km SE Douglas (C091)

Lithops julii (Dinter & Schwant.) N.E.Br.

Vorkommen:

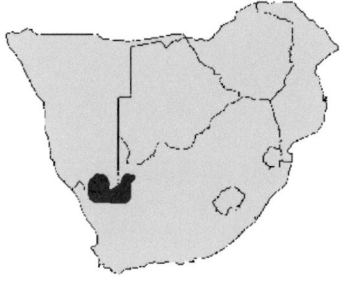

L. julii ist eine der schönsten Lithops–Arten. Die Pflanzen werden ähnlich groß wie *L. aucampiae* und blühen weiß. Die Pflanzen reagieren etwas empfindlich auf falsche Wassergaben. Anfängern rate ich von dieser Art ab.
Von dieser Art gibt es 2 Unterarten und 3 Varietäten:

L. julii ssp. julii (Dinter & Schwantes) N.E.Br., zwei Formen, **'chrysocephala'** und **'littlewoodii'** sind beschrieben.

L. julii ssp. fulleri v. fulleri (N.E.Br.) Fearn

L. julii ssp. fulleri v. brunnea De Boer, Typstandort 10km NE Pofadder (C179)

L. julii ssp. fulleri v. rouxii (De Boer) Cole

Lithops karasmontana (Dinter & Schwantes) N.E.Br.

Vorkommen:

L. karasmontana ist in Kultur weit verbreitet und auch gut für Anfänger geeignet. Viele Varietäten haben kontrastreiche Zeichnungen auf der Blattoberseite. *L. karasmontana ssp. bella* (nicht alle Klone sind so schön wie der Name es verspricht, am dekorativsten ist oft C143A) kann mit *L. dorotheae* verwechselt werden, letztere ist aber viel seltener.
Von dieser Art gibt es 3 Unterarten und 4 Varietäten:

L. karasmontana ssp. karasmontana v. karasmontana (Dinter & Schwantes) N.E.Br., davon sind 3 Formen beschrieben: **'jacobseniana'**, **'mickbergensis'** und **'Signalberg form'**

L. karasmontana ssp. karasmontana v. aiaisensis (De Boer) Cole, Typstandort 110km W Karasburg, Namibia (C224)

L. karasmontana ssp. karasmontana v. lericheana (Dinter & Schwantes) Cole, Typstandort 70km N Karasburg, Namibia (C267)

L. karasmontana ssp. karasmontana v. tischeri Cole, Typstandort 30km NNE Grünau, Namibia (C182)

L. karasmontana ssp. bella (N.E.Br.) Cole, Typstandort 5km S Aus, Namibia (C108)

L. karasmontana ssp. eberlanzii (Dinter & Schwantes) Cole, Typstandort 20km E Lüderitz, Namibia (C369) mit 2 Formen **'erniana'** und **'erniana witputzensis'**. Gelegentlich ist auch eine grüne Kulturform 'Avocado Cream' (C370A) in den Sammlungen.

L. julii ssp. fulleri C203

L. karasmontana C65

L. julii C349

L. karasmontana 'mickbergensis' C169

L. julii C64

L. karasmontana ssp. bella C143A

L. karasmontana C328

L. lesliei v. rubrobrunnea C17

Lithops lesliei (N.E.Br.) N.E.Br.

Vorkommen:

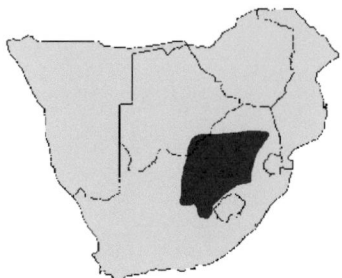

Auch diese Art ist für Anfänger geeignet, die Pflanzen haben interessante Zeichnungen auf der Blattoberseite. *L. lesliei* blüht gelb, es gibt jedoch auch Exemplare mit weißen Blüten. *L. lesliei* kommt aus dem nordöstlichsten Verbreitungsgebiet der Gattung *Lithops*.
Von dieser Art gibt es 2 Unterarten und 6 Varietäten:

L. lesliei ssp. lesliei v. lesliei (N.E.Br.) N.E.Br., davon sind mehrere Formen beschrieben: **'Grey form'**, **'Kimberley form'**, **'Luteoviridis'**, **'Pietersburg form'**, **'Warrenton form'**. Weiterhin sind folgende Kulturformen bekannt: 'Albiflora' (C005A) blüht weiß, sowie zwei grüne Formen : 'Albinica' (C036A) mit weißen und 'Storm's Albinigold' (C036B) mit gelben Blüten.

L. lesliei ssp. lesliei v. hornii **De Boer**, Typstandort 45km SSW Kimberley (C364)

L. lesliei ssp. lesliei v. mariae **Cole**, Typstandort 10km SW Boshoff (C141)

L. lesliei ssp. lesliei v. minor **De Boer**, Typstandort 25km SW Swartruggens (C006) mit dem weißen Kultivar 'Witbloom' (C006A)

L. lesliei ssp. lesliei v. rubrobrunnea **De Boer**, Typstandort 5km NW Randfontein (C017)

L. lesliei ssp. lesliei v. venteri (Nel) **De Boer & Boom**, Typstandort 30km W Warrenton (C047) mit der Form **'maraisii'**

L. lesliei ssp. burchellii **Cole**, Typstandort 20km NNE Douglas (C302)

Lithops localis (N.E.Br.) Schwantes

Vorkommen:

Typstandort:
40km E Laingsburg (C132)

L. localis ist leicht an den gepunkteten Blattoberseiten zu erkennen. Die Pflanzen werden nicht sehr groß, bilden aber leicht kleine Gruppen. *L. localis* blüht gelb und ist in den Sammlungen oft noch unter dem älteren Namen *L. terricolor* zu finden.
Zwei Formen sind beschrieben: **'peersii'** und **'Prince Albert form'**.

Lithops marmorata (N.E.Br.) N.E.Br.

Vorkommen:

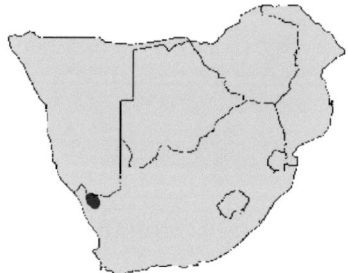

L. marmorata ist als Anfängerpflanze geeignet. Die Farbe variiert von grün bis ins bräunliche. Die Pflanzen benötigen viel Licht, ansonsten werden sie schnell ziemlich hoch. *L. marmorata* blüht weiß und ist für den Anfänger schwer von den anderen „Grünen" wie z. B. *L. geyeri* und *L. helmutii* zu unterscheiden.
Von dieser Art gibt es 2 Varietäten:

L. marmorata v. marmorata (N.E.Br.) N.E.Br. mit den Formen **'diutina'** und **'framesii'**.

L. marmorata v. elisae (De Boer) **Cole**, Typstandort 100km ESE Keetmanshoop, Namibia (C251)

L. lesliei v. hornii C15

L. localis C132

L. lesliei 'Albinica' C36A

L. marmorata 'framesii' C58

L. lesliei v. venteri 'maraisii' C153

L. marmorata

L. localis 'peersii' C339

L. marmorata v. elisae C214 (3-lobige Form)

Lithops meyeri L. Bolus

Vorkommen:

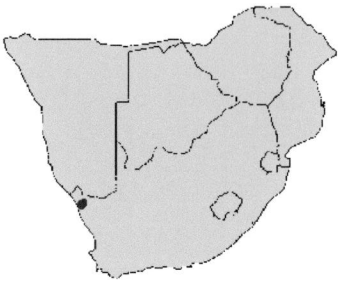

Typstandort:
40km NNE Port Nolloth (C212)

L. meyeri ist nicht allzu oft in Kultur vertreten und blüht gelb. Sehr selten ist auch eine rote Kulturform 'Hammeruby' (C272A).

Lithops naureeniae Cole

Vorkommen:

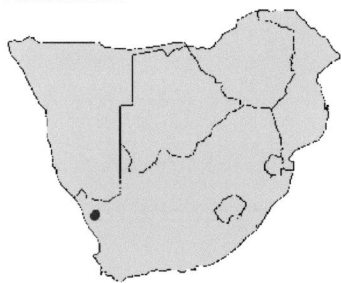

Typstandort:
60km SE Spingbok (C304)

L. naureeniae ist ebenso nicht allzu oft in Kultur vertreten. Die Pflanzen haben meist eine grüne bis bräunliche Farbe und blühen gelb.

Lithops olivacea L. Bolus

Vorkommen:

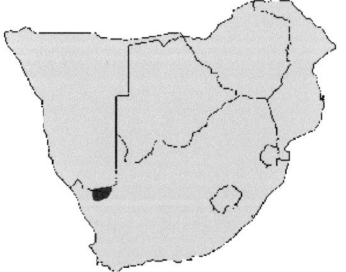

Eine sehr schöne Art mit großen Fensterflächen. Bei ausreichend Licht werden sie ihrem Namen gerecht und zeigen eine olivgrüne bis braune Färbung. *L. olivacea* bildet schöne Gruppen und hat gelbe Blüten.
Von dieser Art gibt es 2 Varietäten:

L. olivacea v. olivacea L. Bolus

L. olivacea v. nebrownii Cole, Typstandort 100km ESE Keetmanshoop, Namibia (C162B)

Lithops optica (Marloth) N.E.Br.

Vorkommen:

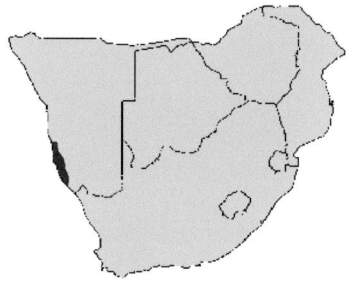

Typstandort:
50km S Lüderitz, Namibia (C289)
Weiterhin ist eine **'Maculate form'** beschrieben.

L. optica ist etwas schwierig in der Pflege. Die Pflanzen sollten recht trocken stehen, sonst platzen sie auf und faulen leicht. Oft muss man auch die alten Blätter vom Vorjahr entfernen, da sie schlecht absorbiert werden.
Sehr begehrt ist auch die rote Form *L. optica* 'Rubra' (C081A und C287). Die ebenfalls weißen Blüten erscheinen oft erst am Jahresende. Sie brauchen volles Licht zum Öffnen, was in Mitteleuropa eher selten ist. Generell ist die Wachstumszeit von *L. optica* 'Rubra' um 2–3 Monate „nach hinten" verschoben. Die Ansprüche an die Kultur sind daher ähnlich der Gattung *Conophytum*. Diese rote Form sollte auch vor zu starker Sonne geschützt werden.

L. meyeri

L. olivaceae v. nebrownii C162B

L. naureeniae C304

L. olivacea

L. naureeniae

L. optica C292

L. olivaceae C55

L. optica 'Rubra'

Lithops otzeniana Nel

Vorkommen:

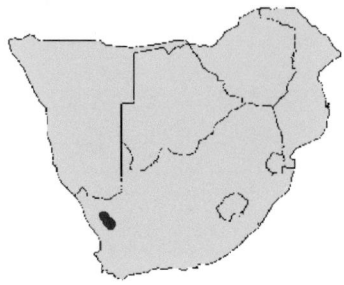

Typstandort:
35km NNW Loeriesfontein (C128)

Eine sehr begehrte Art mit einer markanten Zeichnung auf den Blättern. *L. otzeniana* ist leider etwas empfindlich in Kultur und dem Anfänger nicht zu empfehlen. Die Blütenfarbe ist gelb.

Lithops pseudotruncatella (Berger) N.E.Br.

Vorkommen:

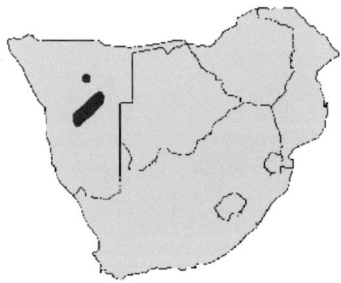

Die gelben Blüten von *L. pseudotruncatella* erscheinen als Erste der Gattung teilweise schon im Sommer. Die Pflanzen sind leicht zu kultivieren, brauchen aber ein paar Jahre bis zum Erscheinen der ersten Blüten. Bei dieser Art ist vor allem bei Jungpflanzen der Spalt zwischen den Blättern nicht durchgehend.
Von dieser Art gibt es 5 Unterarten und 3 Varietäten:

L. pseudotruncatella ssp. pseudotruncatella v. pseudotruncatella (Berger) N.E.Br., davon sind noch weitere Formen beschrieben: *'alpina'* 30km S Windhoek, Namibia (C381), *'mundtii'* und *'Pallid form'*.

L. pseudotruncatella ssp. pseudotruncatella v. elisabethiae (Dinter) De Boer & Boom, Typstandort 55km ESE Otjiwarongo, Namibia (C187)

L. pseudotruncatella ssp. pseudotruncatella v. riehmerae Cole, Typstandort 50km SE Windhoek, Namibia (C097). Diese Varietät wird oft unter dem falschen Namen 'edithiae' geführt.

L. pseudotruncatella ssp. archerae (De Boer) Cole, Typstandort 120km NW Maltahöhe, Namibia (C306)

L. pseudotruncatella ssp. dentritica (Nel) Cole, davon sind die Formen *'farinosa'* und *'pulmonuncula'* beschrieben.

L. pseudotruncatella ssp. groendrayensis (Jacobsen) Cole, Typstandort 50km S Rehoboth, Namibia C244, davon ist eine *'Witkop form'* beschrieben.

L. pseudotruncatella ssp. volkii, (Schwantes ex De Boer & Boom) Cole, Typstandort 45km S Windhoek, Namibia (C069)

Lithops ruschiorum (Dinter & Schwantes) N.E.Br.

Vorkommen:

L. ruschiorum ist sehr selten in Kultur. Die Pflanzen, insbesondere die *v. lineata*, sind sehr heikel und wollen trocken stehen. Die gelben Blüten erscheinen äußerst selten, daher ist auch kaum Saatgut zu bekommen. Keine Pflanze für Anfänger!
Von dieser Art gibt es 2 Varietäten:

L. ruschiorum v. ruschiorum (Dinter & Schwantes) N.E.Br.,Typstandort 35km NE Swakopmund, Namibia (C101), davon ist eine Form *'nelii'* beschrieben.

L. ruschiorum v. lineata (Nel) Cole

L. otzeniana C128

L. pseudotruncatella 'Alpina' C381

L. otzeniana

L. ruschiorum 'nelii' C316

L. pseudotruncatella ssp. dendritica C72

L. salicola C34

L. pseudotruncatella ssp. groendrayensis C244

L. salicola C320

Lithops salicola L. Bolus

Vorkommen:

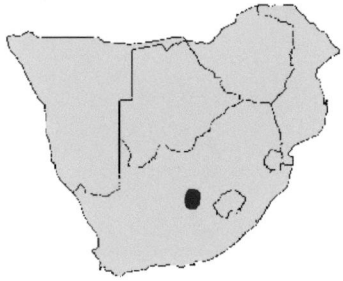

Typstandort:
10km NW Luckhoff (C034), von dieser Art ist auch eine **'Maculate form'** beschrieben.

L. salicola hat weiße Blüten und ist für Anfänger gut geeignet, da die Pflanzen ein Zuviel an Wasser recht gut vertragen. Bei zuwenig Licht neigen die Pflanzen ähnlich L. marmorata dazu, in die Höhe zu wachsen. Es dauert dann auch bei optimalen Bedingungen Jahre, bis wieder „normale" Pflanzen entstehen! Bei ausreichend Licht sind die Pflanzen oft schön grau bis braun gefärbt, grüne Pflanzen deuten auch auf einen Lichtmangel hin.

Lithops schwantesii Dinter

Vorkommen:

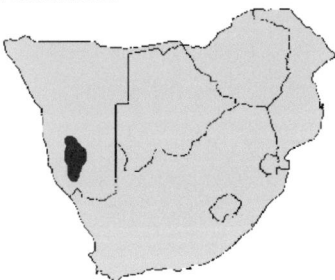

L. schwantesii ist ähnlich L. karasmontana, hat jedoch gelbe Blüten. Die Pflanzen sind etwas empfindlich, und manche Klone haben auch keine besonders schöne Zeichnung auf der Blattoberfläche. Von dieser Art gibt es 2 Unterarten und 4 Varietäten:

L. schwantesii ssp. schwantesii v. schwantesii Dinter, davon sind mehrere Formen beschrieben: **'Grey form'**, **'gulielmi'** 10km NW Helmeringhausen, Namibia (C184) und **'kuibisensis'**.

L. schwantesii ssp. schwantesii v. marthae (Loesch & Tischer) **Cole**, Typstandort 60km SSE Aus, Namibia (C249)

L. schwantesii ssp. schwantesii v. rugosa (Dinter) **De Boer & Boom**, Typstandort 40km NW Helmeringhausen, Namibia (C247)

L. schwantesii ssp. schwantesii v. urikosensis (Dinter) **De Boer & Boom**, Typstandort 100km NW Maltahöhe, Namibia (C105) davon sind die Formen **'christinae'**, **'nutupsdriftensis'** und **'kunjasensis'** beschrieben.

L. schwantesii ssp. gebseri (De Boer) **Cole**, Typstandort 70km S Maltahöhe, Namibia (C165)

Lithops vallis-mariae (Dinter & Schwantes) N.E.Br.

Vorkommen:

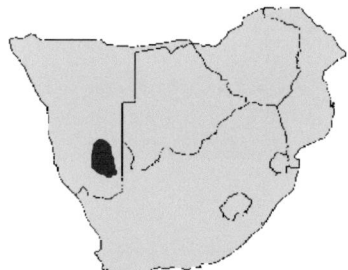

Typstandort:
15km E Mariental, Namibia (C281), weiterhin ist eine Form **'margarethae'** beschrieben.

L. vallis-mariae blüht gelb und ist in Kultur sehr schwierig und selten. Keine Anfängerpflanze!

Lithops verruculosa Nel

Vorkommen:

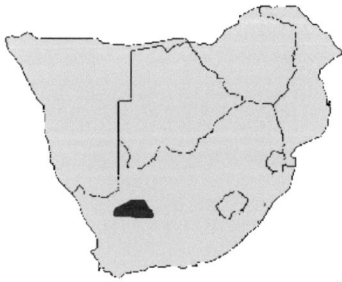

Eine sehr schöne Art, die aber dem Anfänger nicht zu empfehlen ist. L. verruculosa ist leicht an der warzi-

L. schwantesii C76

L. villetii ssp. kennedyi C123

L. schwantesii C77

L. x steineckeana

L. verruculosa C129

L. vallis-mariae C60

L. verruculosa 'Rose of Texas'

L. werneri C188

gen Blattoberfläche zu erkennen. Die Pflanzen blühen gelb, oft aber auch bronzefarben oder orange. Bei der Kulturform 'Rose of Texas' ist dieses Merkmal besonders ausgeprägt, die Blütenfarbe ist rot! Dies ist wirklich der einzige Lithops mit roten Blüten. Von dieser Art gibt es 2 Varietäten:

L. verruculosa v. verruculosa Nel, davon ist noch die Form **'inae'** beschrieben.

L. verruculosa v. glabra De Boer, Typstandort 20km SSE Kenhardt (C160)

Lithops villetii L. Bolus

Vorkommen:

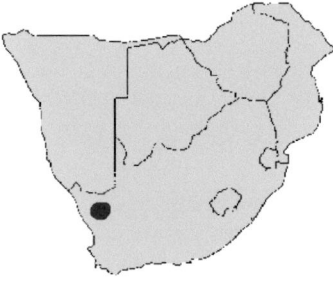

L. villetii blüht weiß und ist etwas schwierig in Kultur. Von dieser Art gibt es 3 Unterarten:

L. villetii ssp. villetii L. Bolus, Typstandort 30km NNW Loeriesfontein (C195)

L. villetii ssp. deboeri (Schwantes) Cole, Typstandort 75km E Gamoep (C230A)
L. villetii ssp. kennedyi (De Boer) Cole, Typstandort 90km SSE Pofadder (C123)

Lithops viridis H.Lückhoff

Vorkommen:

Typstandort:
25km S Loeriesfontein (C127)

L .viridis ist leicht an den grünen Blättern mit den großen Fenstern zu erkennen. Diese Art ist schwierig aus Samen zu ziehen und äußerst selten in Kultur. Anfängern braucht man nicht abzuraten, da die Pflanzen einfach nicht zu bekommen sind! *L. viridis* blüht gelb.

Lithops werneri Schwantes & Jacobsen

Vorkommen:

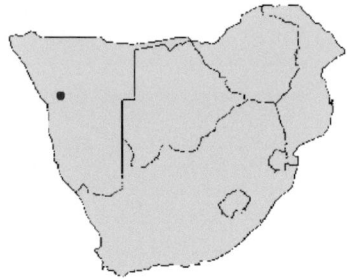

Typstandort:
25km NNE Usakos, Namibia (C188)

Auch *L. werneri* ist von Liebhabern sehr gesucht. Die Pflanzen sind ähnlich *L. gracilidelineata* und kommen auch fast aus der gleichen Gegend. Von *L. werneri* ist nur ein sehr kleiner Standort bekannt. Diese Art hat sehr kleine gelbe Blüten und ist dem Anfänger nicht zu empfehlen.

Lithops x steineckeana Tischer

L. steineckeana ist eine Hybride (deshalb das x), die relativ häufig in den Sammlungen zu finden ist. Es ist bisher nicht gelungen sie erneut zu „kreieren", wahrscheinlich ist es eine Hybride zwischen *L. pseudotruncatella* und einem *Conophytum* (?). *L. steineckeana* wurde 1951 in der deutschen Gärtnerei Steinecke „entdeckt" und ist in der Natur nicht zu finden, trotzdem hat diese Art eine Cole–Nummer (C388). Die Pflanzen lassen sich gut durch Samen vermehren, die Nachkommen sind dabei recht stabil im Erscheinungsbild.

Dinterops

Selten trifft man in Sammlungen auf diesen Namen. *Dinterops* ist eine Kreuzung zwischen **Dinteranthus** *vanzylii* und Lith**ops** *lesliei*. Die Pflanzen blühen gelb.

Unterfamilie 4 – Sesuvioideae

Die Mitglieder dieser Unterfamilie sind keine sukkulenten Pflanzen und werden daher hier nur der Vollständigkeit halber erwähnt. Sie kommen nur an tropischen Küsten vor.

Die Unterfamilie Sesuvioideae besteht aus 4 Gattungen:

Cypselea **Turpin** ist von den Antillen über Kuba und Florida bis nach Kalifornien bekannt.

Sesuvium **Linné** kommt weltweit an tropischen Küsten vor.

Trianthema **Linné** und

Zaleya **N.L.Burman** haben in etwa dasselbe Vorkommensgebiet.

Unterfamilie 5 – Tetragonioideae

Die Gattungen dieser Unterfamilie sind nicht in den Sammlungen vertreten. Eine Ausnahme stellt *Tetragonia tetragonioides* dar, die Pflanze wird manchmal als Gemüse angebaut!

Die Unterfamilie Tetragonioideae besteht aus 2 Gattungen:

Tetragonia **Linné** kommt weltweit in den Tropen vor.

Tribulocarpus **S.Moore** ist monotypisch und stammt aus Namibia und Somalia.

Tetragonia tetragonioides (Pallas) O. Kuntze ist auch als "Neuseelandspinat" bekannt, Samen bekommt man oft in Gartenmärkten. Die einjährigen Pflanzen sollen ähnlich wie Spinat schmecken und werden auch so zubereitet. Bei der Aussaat dieser Gattung wird die Kapsel nicht geöffnet, sondern direkt ausgesät.

Begleitpflanzen

Das südliche Afrika ist eine der Gegenden mit der höchsten Pflanzendiversität in der Erde. Da liegt es nahe auch mal „neben" die Mesembs zu schauen. In diesem Kapitel möchte ich einige Pflanzen vorstellen, die zusammen mit Mesembs gepflegt werden können.

Familie Asphodelaceae

Sehr weit verbreitet in den Sammlungen sind die Gattungen *Gasteria* und *Haworthia*. Fast alle Arten sind leicht zu pflegen und bleiben auch relativ klein.

Familie Crassulaceae

Die Familie der Crassulaceen ist sehr umfangreich, hier werden nur ein paar kleinbleibende Arten der Gattung *Crassula* sowie die Gattung *Adromischus* und *Tylecodon* hervorgehoben. *Adromischus* und *Crassula* sind einfach in der Pflege. Bei *Tylecodon* ist eine strikte Sommerruhe einzuhalten, die Pflanzen sollten erst wieder bei beginnendem Blattaustrieb Wasser bekommen.

Familie Asteraceae

Für die Sukkulentensammlung ist speziell die Gattung *Othonna* geeignet. Immergrüne Arten wie *O. capensis* sind einfach in der Pflege und blühen auch willig, es gibt aber auch Arten die eine Ruhezeit im Sommer haben und auch sonst sehr heikel sind, als Beispiel sei hier *O. herrei* genannt.

Familie Apocynaceae

Prominentester Vertreter dieser Familie ist die „Madagaskarpalme" (*Pachypodium lameri*). Diese Art wird häufig als Zimmerpflanze gepflegt, für die Sukkulentensammlung empfehle ich jedoch *Pachypodium nama-quanum*. Die Pflanzen wachsen sehr langsam, sind aber mit ca. 25 cm schon blühfähig und vertragen auch Trockenheit im Sommer und relativ niedrige Temperaturen im Winter.

Familie Portulacaceae

Von den Portulakgewächsen sind die Gattungen *Anacampseros* sowie *Avonia* für den Liebhaber interessant. *Anacampseros* ist leicht über Samen zu vermehren und auch für den Anfänger geeignet. Die Gattung *Avonia* ist attraktiver, jedoch auch sehr empfindlich. Die Blüten beider Gattungen öffnen sich nur für ca. 1 Stunde täglich, meist um die Mittagszeit.

Das südliche Afrika hat auch einen unermesslichen Reichtum an Zwiebelpflanzen, deshalb möchte ich zum Schluss noch zwei interessante Gattungen aus der Familie Hyacinthaceae vorstellen: *Polyxena* und *Massonia*.

Gasteria armstrongii

Haworthia cooperi v. pilifera f. truncata

Haworthia truncata

Haworthia tesselata

Adromischus cooperi

Adromischus herrei mariannae

Crassula ausensis ssp. titanopsis

Crassula tecta

Tylecodon leucotrix, Calitzdorp

Tylecodon decipiens

Avonia quinaria

Anacampseros subnuda ssp. lubbersii

Avonia quinaria

Othonna herrei

Polyxena corymbosa

Massonia depressa

Pachypodium namaquanum

Artenschutz

Im Gegensatz zu Kakteen fallen Mesembs nicht unter die Artenschutzbestimmungen (CITES). Die Pflanzen und Teile davon (d. h. auch Samen!) sind jedoch in den jeweiligen Herkunftsländern durch lokale Bestimmungen geschützt.

Dennoch sind viele Populationen und ganze Gattungen in ihrem Bestand gefährdet. Im Folgenden werden einige Gründe aufgeführt:

- Zerstörung durch Viehherden und intensive Landwirtschaft sowie Brandrodung.
- Verlegung von Pipelines (auch zur Wasserversorgung) und die damit verbundene Änderung des Bodengefüges sowie die Zerstörung von Quarzflächen (SCHMIEDEL & ETZOLD 2007).
- Straßenbau und damit verbundene Urbanisierung (besonders im Großraum Pretoria/Johannesburg).
- Bergbau (die Bodenschätze werden oft in sehr tiefen und damit auch weiträumigen Tagebauen gewonnen) und daraus resultierende Halden. Andererseits sind die streng überwachten ‚Diamond Areas' entlang der Westküste am Rande der Namib-Wüste zu einem sicheren Ort für Pflanzen und nicht nur Diamanten geworden.
- Die größte Gefahr stellen mittlerweile jedoch die Sammler dar. Von seltenen bzw. neu entdeckten Arten werden oft die Standorte geplündert. Dies geschieht nur selten von Einheimischen („für den Vorgarten"), sondern vielmehr von Sammlern aus Europa und Japan. Der Begriff „Sammler" bekommt damit eine durchaus negative Bedeutung, im Englischen unterteilt man deshalb oft in „grower" und „collector". Daher erscheint der Begriff „Liebhaber" oder auch „Züchter" geeigneter. Wir sollten uns nicht mit dem Briefmarkensammler vergleichen, der alles Seltene und Neue haben muss und das Ziel hat, die Sammlung unbedingt „vollständig" zu bekommen!

Natürlich kommen alle Pflanzen in unseren Sammlungen ursprünglich aus der Natur. Doch es sollte sich nicht jeder selbst mit den gewünschten Pflanzen „versorgen".

Eine gärtnerische Vermehrung in den Herkunftsländern ist praktisch nicht vorhanden, jedoch gibt es etliche Sammler und Gärtnereien in Europa und den USA (dort vor allem Steven Brack's Gärtnerei Mesa-Garden), die Mesembs gut vermehren können. Einige Quellen für Samen und Pflanzen sind im nächsten Kapitel zu finden.

Was kann man nun als Sammler (oder besser Liebhaber) für den Artenschutz tun?

- Anfänger sollten auf Massenware in Blumenläden und Baumärkten zurückgreifen. Diese Pflanzen sind sehr preiswert und zum Erlernen der richtigen Pflege gut geeignet.
- Wertvolles Saatgut bzw. Sämlinge sollten auch an andere Liebhaber abgegeben werden, so dass bei Verlust noch auf andere Klone zurückgegriffen werden kann.
- Sofern es sich um definiertes Pflanzenmaterial handelt, sind die Pflanzen entsprechend zu beschriften und zu dokumentieren (Fundort!), um die definierte Herkunft zu bewahren.
- Wenn möglich sollte man versuchen, die Pflanzen artrein zu vermehren und jegliche Hybridisierung zu vermeiden.
- Das Ziel einer Reise an die Standorte sollte darin bestehen, die Pflanzen an ihren natürlichen Standorten zu beobachten. Dabei sollten nur Bilder und nicht die Pflanzen mitgebracht werden.
- Bei der Publikation von Standortangaben ist eine gewisse „Unschärfe" zu wahren, die Veröffentlichung von GPS-Daten in Zeitschriften oder im Internet ist für die Populationen am Standort sehr gefährdend!

weiterführende Informationen

Fachgruppen und Organisationen

FgaS – Fachgesellschaft andere Sukkulenten (www.fgas.de). Als Mitglied erhält man ein günstiges Samenangebot und mehrere Hefte der Zeitschrift „Avonia" im Jahr. Oftmals erscheinen darin Beiträge über Mesembs.

DKG – Deutsche Kakteen-Gesellschaft (www.deutschekakteengesellschaft.de). Als Mitglied erhält man die Zeitschrift „Kakteen und andere Sukkulenten", Artikel über Mesembs sind jedoch selten. Weiterhin existiert eine Vielzahl von Ortsgruppen, diese sind jedoch meistens auf Kakteen ausgerichtet.

MSG – Mesemb Study Group (www.mesemb.org). Viermal im Jahr erscheint das „MSG-Bulletin" sowie im Frühjahr eine ausgezeichnete Saatgutliste. Wer sich ernsthaft mit Mesembs beschäftigt sollte sich dieser Gruppe unbedingt anschließen.

BCSS – British Cactus & Succulent Society (www.bcss.org.uk). In der britischen Kakteengesellschaft liegt der Schwerpunkt mehr auf den "anderen" Sukkulenten, das Journal „Cactus World" sowie das Jahrbuch „Bradleya" enthalten oft sehr umfangreiche Artikel über Mesembs.

SSSA – Succulent Society of South Africa (www.succulentsociety.co.za). Vierteljährlich erscheint die Zeitschrift "Aloe". Die Zeitschrift aus der „Heimat" der Mesembs beeinhaltet fast nur Beiträge über Pflanzen aus Südafrika.

CSSA – Cactus and Succulent Society of America (www.cssainc.org). Herausgeber des „Cactus and Succulent Journal" sowie des Jahrbuches "Haseltonia".

Bücher

In der deutschsprachigen Literatur sind Abhandlungen über Mesembs nur sehr selten zu finden, meist als kurze Artikel in Kakteen-Büchern. Eine Ausnahme bildet das antiquarische Buch „Lithops - Lebende Steine" von Dr. Rudolf Heine. Traditionsgemäß liegt der Schwerpunkt im deutschsprachigen Raum mehr bei den Kakteen als den „anderen" Sukkulenten.
Englischsprachige Bücher sind im Fachhandel in großer Auswahl zu bekommen, ich will hier nur einige vorstellen. Der interessierte Leser sei hier auch auf das Quellenverzeichnis hingewiesen.
 „The Genus Conophytum" und der Nachfolger „Dumpling and his Wife" von S. A. Hammer sind hervorragende Monographien über *Conophyten*. Vom gleichen Autor stammt auch ein reich bebildertes Buch über *Lithops* „Lithops - Treasures of the veld".
Lange Zeit war das Cole-Buch „Lithops - Flowering Stones" sehr gesucht, jetzt ist es in der zweiten Auflage verfügbar. Wer sich ernsthaft mit *Lithops* beschäftigt, sollte dieses Buch unbedingt besitzen!
Ein Standardwerk für Mesembfreunde stellt das Buch von Smith et al. „Mesembs of the world" dar, es werden alle relevanten Gattungen mit Bildern und Pflegehinweisen dargestellt.
Nur für den fortgeschrittenen Liebhaber ist das Sukkulentenlexikon (2 Bände) zu empfehlen. Dieses ist recht teuer und enthält kaum Bilder (der Begriff „Illustrated" ist nicht angebracht), ist aber voller wissenschaftlicher Informationen: „Illustrated Handbook of Succulent Plants - Aizoaceae" Hartmann (Ed.).

Händler in Deutschland

Nachfolgend werden einige Bezugsquellen für Samen, Pflanzen, Substrate und Zubehör aufgelistet:

Conos-Paradise: Lithops, Conophytum, Mesembs (www.conos-paradise.com)
Atomic-Plant Nursery: Mesembs, Ascleps, Kakteen (www.atomic-plant.de)
Uhlig-Kakteen: Kakteen, andere Sukkulenten, Zubehör (www.uhlig-kakteen.com)
Kakteen-Haage: Kakteen, andere Sukkulenten, Zubehör (www.haage-kakteen.de)
Georg Schwarz: Zubehör (www.kakteen-schwarz.de)
Götz-Pflanzenzubehör: Zubehör (www.goetzpflanzenzubehoer.de)

Anhang A – Lithops Cole – Nummern

Prof. Desmond Cole ist der bedeutendste Mann auf dem Gebiet Lithops; seine Feldarbeit und das daraus resultierende Nummernsystem der Fundorte stellt heute den Standard dar, eine Bezeichnung der Pflanzen mit Cole–Nummern ist allgemein üblich. Hier folgt nun eine Liste aller derzeit bekannten Cole–Nummern (falls nicht anders angegeben liegen die Standorte in Südafrika):

C001 – lesliei ssp. lesliei v. venteri, 30km NW War-renton

C002 – aucampiae ssp. aucampiae v. aucampiae, nr. Danielskuil

C003 – aucampiae ssp. aucampiae v. aucampiae, 10km SE Postmasburg

C004 – aucampiae ssp. aucampiae v. aucampiae, 5km N Postmasburg

C005 – lesliei ssp. lesliei v. lesliei Warrenton form, nr. Warrenton

C005A – lesliei ssp. lesliei v. lesliei 'Albiflora', nr. Warrenton

C006 – lesliei ssp. lesliei v. minor, 25km SW Swartruggens

C006A – lesliei ssp. lesliei v. minor 'Witblom', 25km SW Swartruggens

C007 – lesliei ssp. lesliei v. lesliei, 15km S Johan-nesburg

C008 – lesliei ssp. lesliei v. lesliei Grey form, 70 km W Mafikeng

C009 – lesliei ssp. lesliei v. lesliei Grey form, 70 km W Mafikeng

C010 – lesliei ssp. lesliei v. lesliei, 25km SW Lobatse Botswana

C011 – aucampiae ssp. aucampiae v. aucampiae Kuruman form, 5km SW Kuruman

C012 – aucampiae ssp. aucampiae v. aucampiae Kuruman form, 10km E Kuruman

C013 – hookeri v. dabneri, 25km S Kimberley

C014 – lesliei ssp. lesliei v. lesliei Kimberley form, 15km NW Kimberley

C015 – lesliei ssp. lesliei v. hornii, 40km SW Kimber-ley

C016 – aucampiae ssp. aucampiae v. koelemanii, 35km NW Postmasburg

C017 – lesliei ssp. lesliei v. rubrobrunnea, 5km NW Randfontein

C018 – lesliei ssp. lesliei v. lesliei, nr. Stella

C019 – hookeri v. subfenestrata 'brunneoviolacea', 40km SW Griekwastad

C020 – lesliei ssp. lesliei v. lesliei 'luteoviridis', 15km W Magaliesburg

C021 – hookeri v. subfenestrata, 15km SSW Prieska

C022 – hallii v. hallii, 55km SW Prieska

C023 – hookeri v. hookeri Vermiculate form, 55km SW Prieska

C024 – julii ssp. fulleri v. fulleri, 5km N Kenhardt

C025 – verruculosa v. glabra, 30km E Kenhardt

C026 – lesliei ssp. lesliei v. lesliei, 60km SW Johan-nesburg

C027 – lesliei ssp. lesliei v. lesliei, nr. Bethlehem

C028 – lesliei ssp. lesliei v. lesliei, 10km N Harris-mith

C029 – lesliei ssp. lesliei v. lesliei, 45km NE Vaalwa-ter

C030 – lesliei ssp. lesliei v. lesliei Pietersburg form, 30km NW Pietersburg

C031 – lesliei ssp. lesliei v. lesliei, 10km NE Meyer-ton

C032 – lesliei ssp. lesliei v. lesliei Pietersburg form, 10km SE Pietersburg

C033 – lesliei ssp. lesliei v. lesliei, 45km E Pieters-burg

C034 – salicola, 10km NW Luckhoff

C035 – hookeri v. marginata, 25km SE Hopetown

C036 – lesliei ssp. lesliei v. lesliei Warrenton form, nr. Warrenton

C036A – lesliei ssp. lesliei v. lesliei 'Albinica', nr. Warrenton

C036B – lesliei ssp. lesliei v. lesliei 'Storm's Albini-gold', nr. Warrenton

C037 – salicola, 40km SE Hopetown

C038 – hookeri v. lutea, 5km NE Groblershoop

C039 – hallii v. ochracea, 5km NE Groblershoop

C040 – bromfieldii v. bromfieldii, 15km ENE Uping-ton

C041 – bromfieldii v. bromfieldii, 15km ENE Uping-ton

C042 – bromfieldii v. insularis, 15km E Keimoes

C043 – bromfieldii v. insularis, 15km E Keimoes

C044 – bromfieldii v. mennellii, 25km SSW Upington

C045 – hallii v. hallii, 15km SW Upington

C046 – aucampiae ssp. aucampiae v. aucampiae, 5km NE Griekwastad

C047 – lesliei ssp. lesliei v. venteri, 30km W Warren-ton. Südafrika

C047A – herrei 'translucens'

C048 – aucampiae ssp. euniceae v. euniceae, 15km N Hopetown

C049 – salicola, 10km NW Petrusville

C050 – hallii v. hallii, 15km SE Strydenburg

C051 – hookeri v. hookeri Vermiculate form, 15km NW Strydenburg

C052 – hallii v. hallii, 25km SSE Hopetown

C053 - hookeri v. marginata Red-brown form, 25km SW Douglas

C054 - aucampiae ssp. euniceae v. fluminalis, nr. Hopetown

C055 - olivacea v. olivacea, 25km SW Pofadder

C056 - julii ssp. fulleri v. fulleri, 25km SW Pofadder

C057 - bromfieldii v. insularis, 10km NE Keimoes

C058 - marmorata v. marmorata 'framesii', 45km ENE Springbok

C059 - hallii v. ochracea, 10km NW Upington

C060 - vallis-mariae, 30km SSW Mariental, Namibia

C061 - aucampiae ssp. aucampiae v. aucampiae, 70km WSW Vryburg

C062 - julii ssp. fulleri v. fulleri, nr. Kakamas

C063 - julii ssp. julii, 60km SE Warmbad, Namibia

C064 - julii ssp. julii, nr. Karasburg, Namibia

C065 - karasmontana ssp. karasmontana v. karasmontana Signalberg form, 25km WNW Grünau, Namibia

C066 - vallis-mariae, 20km E Gibeon Station, Namibia

C067 - pseudotruncatella ssp. pseudotruncatella v. pseudotruncatella, 20km ENE Windhoek, Namibia

C068 - pseudotruncatella ssp. pseudotruncatella v. pseudotruncatella 'alpina', 35km SSE Windhoek, Namibia

C069 - pseudotruncatella ssp. volkii, 45km S Windhoek, Namibia

C070 - pseudotruncatella ssp. pseudotruncatella v. pseudotruncatella, 30km S Windhoek, Namibia

C071 - pseudotruncatella ssp. dendritica 'pulmonuncula', 50km WNW Rehoboth, Namibia

C072 - pseudotruncatella ssp. dendritica, 65km WSW Rehoboth, Namibia

C073 - pseudotruncatella ssp. dendritica, 95km WSW Rehoboth, Namibia

C074 - schwantesii ssp. schwantesii v. urikosensis 'christinae', 50km W Maltahöhe, Namibia

C075 - schwantesii ssp. schwantesii v. urikosensis 'nutupsdriftensis', 35km W Maltahöhe, Namibia

C076 - schwantesii ssp. schwantesii v. schwantesii, 70km W Maltahöhe, Namibia

C077 - schwantesii ssp. schwantesii v. schwantesii, nr. Helmeringhausen, Namibia

C078 - gesinae v. annae, 25km SW Helmeringhausen, Namibia

C079 - schwantesii ssp. schwantesii v. schwantesii, 25km SW Helmeringhausen, Namibia

C080 - schwantesii ssp. schwantesii v. schwantesii, 30km SW Helmeringhausen, Namibia

C081 - optica, 10km W Lüderitz, Namibia

C081A - optica 'Rubra', 10km W Lüderitz, Namibia

C082 - karasmontana ssp. eberlanzii, 35km E Lüderitz, Namibia

C083 - schwantesii ssp. schwantesii v. urikosensis, nr. Bethanien, Namibia

C084 - dinteri ssp. dinteri v. brevis, 20km SE Vioolsdrif

C085 - hookeri v. dabneri, 35km W Kimberley

C086 - salicola Maculate form, 35km SE Hopetown

C087 - hallii v. hallii 'salicola reticulata', 30km SE Hopetown

C088 - hookeri v. marginata Cerise form, 20km ENE Hopetown

C089 - hookeri v. marginata Red-brown form, 25km NW Hopetown

C090 - hallii v. hallii, 50km NW Hopetown

C091 - hookeri v. susannae, 30km SE Douglas

C092 - hookeri v. elephina, 10km N Britstown

C093 - hookeri v. elephina, 25km N Britstown

C094 - hallii v. hallii, 45km SE Prietska

C095 - verruculosa v. verruculosa 'inae', 55km SW Prietska

C096 - lesliei ssp. lesliei v. lesliei Warrenton Form, 25km N Kimberley

C097 - pseudotruncatella ssp. pseudotruncatella v. riehmerae 'edithiae', 50km SE Windhoek, Namibia

C098 - hallii v. ochracea, 50km NNW Upington

C099 - pseudotruncatella ssp. pseudotruncatella v. pseudotruncatella 'mundtii', 150km NE Windhoek, Namibia

C100 - pseudotruncatella ssp. pseudotruncatella v. pseudotruncatella 'mundtii', 135km NE Windhoek, Namibia

C101 - ruschiorum v. ruschiorum, 35km NE Swakopmund, Namibia

C102 - ruschiorum v. ruschiorum 'nelii', 20km E Cape Cross, Namibia

C103 - ruschiorum v. ruschiorum, 45km ENE Henties Bay, Namibia

C104 - pseudotruncatella ssp. archerae, 120km NW Maltahöhe, Namibia

C105 - schwantesii ssp. schwantesii v. urikosensis, 100km NW Maltahöhe, Namibia

C106 - schwantesii ssp. schwantesii v. schwantesii, 80km W Maltahöhe, Namibia

C107 - schwantesii ssp. schwantesii v. urikosensis 'christinae', 20km W Maltahöhe, Namibia

C108 - karasmontana ssp. bella, 5km S Aus, Namibia

C109 - olivacea v. olivacea, 10km N Pofadder

C110 - hookeri v. hookeri, 50km NW Marydale

C111 - hallii v. ochracea, 35km WNW Prieska

C111A - hallii v. ochracea 'Green Soapstone', 35km WNW Prieska

C112 – hookeri v. hookeri, 40km WNW Prieska

C113 – hookeri v. hookeri, 10km NW Niekershoop

C114 – hookeri v. hookeri, 15km NW Niekershoop

C115 – lesliei ssp. lesliei v. lesliei, 5km NW Vryburg

C116 – bromfieldii v. glaudinae, 70km WNW Griekwastad

C117 – aucampiae ssp. aucampiae v. aucampiae, 45km NW Griekwastad

C118 – hookeri v. hookeri, 25km W Strydenburg

C119 – hallii v. hallii, 30km WSW Strydenburg

C120 – verruculosa v. verruculosa, 30km N Vanwyksvlei

C121 – julii ssp. fulleri v. fulleri, 115km W Kenhardt

C122 – julii ssp. fulleri v. fulleri, 125km W Kenhardt

C123 – villetii ssp. kennedyi, 90km SSE Pofadder

C124 – dorotheae, 15km N Pofadder

C125 – comptonii v. comptonii, 50km ENE Ceres

C126 – comptonii v. weberi, 70km S Calvinia

C127 – viridis, 25km S Loeriesfontein

C128 – otzeniana, 35km NNW Loeriesfontein

C128A – otzeniana 'Aquamarine', 35km NNW Loeriesfontein

C129 – verruculosa v. verruculosa, 30km E Brandvlei

C130 – terricolor, 30km SW Rietbron

C131 – terricolor 'peersii', nr. Miller Station

C132 – terricolor, 40km E Laingsburg

C132A – terricolor 'Silver Spurs', 40km E Laingsburg

C133 – terricolor 'localis', 25km S Beaufort West

C134 – terricolor Prince Albert form, 5km N Prince Albert

C135 – hallii v. hallii Brown form, 20km SE Strydenburg

C136 – hallii v. hallii Brown form, 35km ENE Strydenburg

C137 – hookeri v. marginata, 35km E Hopetown

C138 – lesliei ssp. lesliei v. lesliei, nr. Benoni

C139 – lesliei ssp. lesliei v. lesliei, 5km E Benoni

C140 – francisci, 35km E Lüderitz, Namibia

C141 – lesliei ssp. lesliei v. mariae, 10km SW Boshoff

C142A – hallii v. ochracea, 30km NW Niekerkshoop

C142B – hookeri v. hookeri, 30km NW Niekerkshoop

C143A – karasmontana ssp. bella, 60km NNE Aus, Namibia

C143B – schwantesii ssp. schwantesii v. schwantesii, 60km NNE Aus, Namibia

C144 – schwantesii ssp. schwantesii v. schwantesii Grey form, 55km NNE Aus, Namibia

C145 – schwantesii ssp. schwantesii v. schwantesii, 55km NE Aus, Namibia

C146 – schwantesii ssp. schwantesii v. schwantesii, 55km NE Aus, Namibia

C147 – karasmontana ssp. eberlanzii 'erniana', 40km S Aus, Namibia

C148 – schwantesii ssp. schwantesii v. marthae, 60km SSE Aus, Namibia

C149 – karasmontana ssp. eberlanzii 'erniana witputzensis', 110km SSE Aus, Namibia

C150 – schwantesii ssp. schwantesii v. schwantesii 'kuibisensis', 25km E Aus, Namibia

C151 – lesliei ssp. lesliei v. lesliei Grey form, 25km NW Christiana

C152 – lesliei ssp. lesliei v. mariae, 30km NNE Kimberley

C153 – lesliei ssp. lesliei v. venteri 'maraisii', 60km NW Kimberley

C154 – hookeri v. marginata Red-brown form, 30km NW Hopetown

C155 – hookeri v. marginata Red-brown form, 30km NW Hopetown

C156 – hookeri v. subfenestrata, 5km N Prieska

C157 – verruculosa v. verruculosa 'inae', 55km ENE Vanwyksvlei

C158 – hallii v. hallii, 55km ENE Vanwyksvlei

C159 – verruculosa v. verruculosa, 30km ENE Vanwyksvlei

C160 – verruculosa v. glabra, 20km SSE Kenhardt

C161 – julii ssp. fulleri v. fulleri, nr. Pofadder

C162A – julii ssp. fulleri v. fulleri, 70km WSW Pofadder

C162B – olivacea v. nebrownii, 70km WSW Pofadder

C163 – marmorata v. marmorata, 25km NE Steinkopf

C164 – schwantesii ssp. schwantesii v. schwantesii, 25km SW Helmeringshausen, Namibia

C165 – schwantesii ssp. gebseri, 70km S Maltahöhe, Namibia

C166 – vallis-mariae, 110km NNE Keetmanshoop, Namibia

C167 – vallis-mariae 'margarethae', nr. Berseba, Namibia

C168 – karasmontana ssp. karasmontana v. karasmontana 'mickbergensis', 10km NNE Grünau, Namibia

C169 – karasmontana ssp. karasmontana v. karasmontana 'mickbergensis', 20km NNE Grünau, Namibia

C170 – fulviceps v. fulviceps, 40km N Karasburg, Namibia

C171 – julii ssp. fulleri v. fulleri, 60km W Upington

C172 – aucampiae ssp. aucampiae v. aucampiae, 5km W Sishen

C173 – aucampiae ssp. aucampiae v. aucampiae Kuruman form, 60km SE Kuruman

C174 – hallii v. hallii, 25km SE Prieska

C175 – hookeri v. subfenestrata, 20km SSE Prieska

C176 – hallii v. hallii, 20km SE Prieska

C177 – verruculosa v. glabra, 25km SSE Kenhardt

C178 – verruculosa v. verruculosa, 90km W Kenhardt

C179 – julii ssp. fulleri v. brunnea, 10km NE Pofadder

C180 – dinteri ssp. frederici, 30km NW Pofadder

C181 – dinteri ssp. multipunctata, 65km SE Warmbad, Namibia

C182 – karasmontana ssp. karasmontana v. tischeri, 30km NNE Grünau, Namibia

C183 – julii ssp. julii, 25km SE Warmbad, Namibia

C184 – schwantesii ssp. schwantesii v. schwantesii 'gulielmi', 10km NW Helmeringhausen, Namibia

C185 – schwantesii ssp. schwantesii v. schwantesii, nr. Helmeringhausen, Namibia

C186 – schwantesii ssp. schwantesii v. urikosensis 'kunjasensis', 5km NE Helmeringhausen, Namibia

C187 – pseudotruncatella ssp. pseudotruncatella v. elisabethiae, 55km ESE Otjiwarongo, Namibia

C188 – werneri, 25km NNE Usakos, Namibia

C189 – gracilidelineata ssp. gracilidelineata v. waldroniae, 60km SE Swakopmund, Namibia

C189A – gracilidelineata ssp. gracilidelineata v. waldroniae 'Fritz's White Lady', 60km SE Swakopmund, Nam.

C190 – schwantesii ssp. schwantesii v. schwantesii, 70km SW Maltahöhe, Namibia

C191 – schwantesii ssp. schwantesii v. schwantesii, 60km NW Helmeringhausen, Namibia

C192 – schwantesii ssp. schwantesii v. rugosa, 40km NW Helmeringhausen, Namibia

C193 – karasmontana ssp. karasmontana v. lericheana, 50km NNE Grünau, Namibia

C194 – villetii ssp. villetii, 60km NNW Loeriesfontein

C195 – villetii ssp. villetii, 30km NNW Loeriesfontein

C196 – verruculosa v. verruculosa 'inae', 85km S Pofadder

C197 – villetii ssp. kennedyi, 75km S Pofadder

C198 – verruculosa v. verruculosa, 85km SSE Pofadder

C199 – villetii ssp. kennedyi, 75km S SEPofadder

C200A – villetii ssp. kennedyi, 80km SSE Pofadder

C200B – verruculosa v. verruculosa, 80km SSE Pofadder

C201 – divergens v. amethystina, 60km WNW Loeriesfontein

C202 – divergens v. divergens, 35km NNW Vanrhynsdorp

C203 – julii ssp. fulleri v. fulleri, 15km SSE Kenhardt

C204 – lesliei ssp. lesliei v. rubrobrunnea, 5km NW Krugersdorp

C205 – julii ssp. julii 'chrysocephala', 50km SE Warmbad, Namibia

C206 – dinteri ssp. dinteri v. dinteri, 40km SSE Warmbad, Namibia

C206A – dinteri ssp. dinteri v. dinteri 'Dintergreen', 40km SSE Warmbad, Namibia

C207 – gesinae v. gesinae, 70km N Aus, Namibia

C208 – karasmontana ssp. eberlanzii, 10km S Aus, Namibia

C209 – karasmontana ssp. eberlanzii 'erniana', 10km SSE Aus, Namibia

C210 – schwantesii ssp. schwantesii v. urikosensis 'christinae', 45km W Maltahöhe, Namibia

C211 – schwantesii ssp. schwantesii v. schwantesii, 10km SE Helmeringhausen, Namibia

C212 – meyeri, 40km NNE Port Nolloth

C213 – herrei, 65km NE Alexander Bay

C214 – marmorata v. elisae, 35km SE Vioolsdrif

C215 – julii ssp. fulleri v. rouxii, 75km WSW Warmbad, Namibia

C216 – julii ssp. fulleri v. rouxii, 60km WSW Warmbad, Namibia

C217 – julii ssp. fulleri v. rouxii, 70km WSW Warmbad, Namibia

C218 – julii ssp. julii 'littlewoodii', 40km WSW Warmbad, Namibia

C219 – fulviceps v. fulviceps 'lydiae', 60km N Karasburg, Namibia

C220 – fulviceps v. fulviceps, 75km N Karasburg, Namibia

C221 – fulviceps v. fulviceps, 85km N Karasburg, Namibia

C222 – fulviceps v. lactinea, 100km ESE Keetmanshoop, Namibia

C223 – karasmontana ssp. karasmontana v. karasmontana, 25km NE Grünau, Namibia

C224 – karasmontana ssp. karasmontana v. aiaisensis, 110km W Karasburg, Namibia

C225 – karasmontana ssp. karasmontana v. karasmontana, 30km NW Grünau, Namibia

C226 – karasmontana ssp. karasmontana v. karasmontana, 25km W Grünau, Namibia

C227 – karasmontana ssp. karasmontana v. karasmontana 'jacobseniana', 10km SW Grünau, Namibia

C228 – villetii ssp. kennedyi, 90km S Pofadder

C229A – villetii ssp. kennedyi, 90km S Pofadder

C229B – verruculosa v. verruculosa, 90km S Pofadder

C230A – villetii ssp. deboeri, 75km E Gamoep

C230B – julii ssp. fulleri v. fulleri, 75km E Gamoep

C230C – verruculosa v. verruculosa, 75km E Gamoep

C231 – villetii ssp. deboeri, 75km E Gamoep

C232 – geyeri 'hillii', 65km NE Port Nolloth

C233 – geyeri 'hillii', 65km NE Port Nolloth

C234 – herrei, 70km NE Alexander Bay

C235 – herrei, 35km NE Alexander Bay

C236 – herrei 'translucens', 150km NE Alexander Bay

C237 – herrei 'translucens', 15km NE Alexander Bay

C238 – vallis–mariae, 85km NE Keetmanshoop, Namibia

C239 – pseudotruncatella ssp. groendrayensis, 45km SSE Rehoboth, Namibia

C240 – ruschiorum v. ruschiorum 'nelii', 25km E Cape Cross, Namibia

C241 – ruschiorum v. ruschiorum, 65km ENE Henties Bay, Namibia

C242 – ruschiorum v. ruschiorum, 65km ENE Swakopmund, Namibia

C243 – gracilidelineata ssp. gracilidelineata v. waldroniae, 70km E Swakopmund, Namibia

C244 – pseudotruncatella ssp. groendrayensis, 50km S Rehoboth, Namibia

C245 – pseudotruncatella ssp. dendritica 'farinosa', 55km SSW Rehoboth, Namibia

C246 – pseudotruncatella ssp. groendrayensis Witkop Form, 55km S Rehoboth, Namibia

C247 – schwantesii ssp. schwantesii v. rugosa, 40km NW Helmeringhausen, Namibia

C248 – schwantesii ssp. schwantesii v. urikosensis 'kunjasensis', 15km NE Helmeringhausen, Namibia

C249 – schwantesii ssp. schwantesii v. marthae, 60km SSE Aus, Namibia

C250 – schwantesii ssp. schwantesii v. schwantesii Grey form, 120km SE Aus, Namibia

C251 – marmorata v. elisae, 30km SE Vioolsdrif

C252 – marmorata v. elisae, 30km SSE Vioolsdrif

C253 – terricolor 'peersii', 95km NW Port Elisabeth

C254 – terricolor 'peersii', 30km ENE Willowmore

C255 – aucampiae ssp. aucampiae v. aucampiae, 15km NNW Postmasburg

C256 – aucampiae ssp. aucampiae v. koelemanii, 35km WSW Postmasburg

C257 – aucampiae ssp. aucampiae v. aucampiae, 40km W Postmasburg

C258 – villetii ssp. deboeri, 35km ENE Gamoep

C259 – julii ssp. fulleri v. fulleri, 40km ENE Gamoep

C260 – marmorata v. marmorata 'diutina', 15km ENE Steinkopf

C261 – gracilidelineata ssp. gracilidelineata v. gracilidelineata, 75km NW Usakos, Namibia

C262 – gracilidelineata ssp. gracilidelineata v. gracilidelineata, 30km NW Usakos, Namibia

C263 – pseudotruncatella ssp. pseudotruncatella v. pseudotruncatella, 20km W Windhoek, Namibia

C264 – pseudotruncatella ssp. pseudotruncatella v. pseudotruncatella Pallid form, 60km SSW Windhoek, Namibia

C265 – schwantesii ssp. schwantesii v. schwantesii, 45km N Helmeringhausen, Namibia

C266 – fulviceps v. fulviceps, 65km N Karasburg, Namibia

C267 – karasmontana ssp. karasmontana v. lericheana, 70km N Karasburg, Namibia

C268 – dinteri ssp. dinteri v. brevis, 55km SW Warmbad, Namibia

C269 – divergens v. divergens, 10km NE Bitterfontein

C270 – divergens v. amethystina, 80km WNW Loeriesfontein

C271 – helmutii, 15km NE Steinkopf

C272 – meyeri, 45km NNE Port Nolloth

C272A – meyeri 'Hammeruby', 45km NNE Port Nolloth

C273 – meyeri, 55km NNE Port Nolloth

C274 – geyeri, 75km ENE Alexander Bay

C275 – optica, 10km N Lüderitz, Namibia

C276 – optica, 10km S Lüderitz, Namibia

C277 – optica, 10km SW Lüderitz, Namibia

C278 – fulviceps v. fulviceps, 70km W Upington

C279 – bromfieldii v. bromfieldii, 45km E Upington

C280 – otzeniana, 45km NNW Loeriesfontein

C281 – vallis–mariae, 15km E Mariental, Namibia

C282 – vallis–mariae, 125km N Keetmanshoop, Namibia

C283 – bromfieldii v. mennellii, 20km SSW Upington

C284 – fulviceps v. fulviceps, 15km NE Karasburg, Namibia

C285 – karasmontana ssp. bella, nr. Aus, Namibia

C286 – optica, 10km SW Lüderitz, Namibia

C287 – optica 'Rubra', 10km SW Lüderitz, Namibia

C288 – optica, 40km SSE Lüderitz, Namibia

C289 – optica, 50km S Lüderitz, Namibia

C290 – optica, 65km S Lüderitz, Namibia

C291 – optica Maculate form, 100km SSE Lüderitz, Namibia

C292 – optica, 120km SSE Lüderitz, Namibia

C293 – optica Maculate form, 95km SSE Lüderitz, Namibia

C294 – optica, 140km SSE Lüderitz, Namibia

C295 – karasmontana ssp. bella, 115km SSE Aus, Namibia

C296 – vallis–mariae, 40km SSE Koes, Namibia

C297 – julii ssp. julii, 45km SE Warmbad, Namibia

C297A – julii ssp. julii 'Peppermint Creme', 45km SE Warmbad, Namibia

C298 – aucampiae ssp. aucampiae v. aucampiae, nr. Severn/120km NNW Kuruman

C299 – schwantesii ssp. schwantesii v. marthae, 120km SSE Aus, Namibia

C300 – dorotheae, 15km N Pofadder

C301 – hookeri v. dabneri, 20km NNE Douglas

C302 – lesliei ssp. burchellii, 20km NNE Douglas

C303 – hallii v. ochracea, 30km E Kenhardt

C304 – naureeniae, 60km SE Spingbok

C305 – marmorata v. marmorata, 40km NNE Steinkop

C306 – pseudotruncatella ssp. archerae, 120km NW Maltahöhe, Namibia

C307 – optica, 170km SSE Lüderitz, Namibia

C308 – lesliei ssp. burchellii, 10km NNE Douglas

C309 – gracilidelineata ssp. gracilidelineata v. gracilidelineata, 45km W Usakos, Namibia

C310 – optica, 160km SSE Lüderitz, Namibia

C311 – optica Maculate form, 45km SE Lüderitz, Namibia

C312 – ruschiorum v. lineata, 50km NE Rocky Point, Namibia

C313 – ruschiorum v. lineata, 45km N Rocky Point, Namibia

C314 – ruschiorum v. lineata, 40km NE Cape Fria, Namibia

C315 – pseudotruncatella ssp. pseudotruncatella v. pseudotruncatella, 20km ENE Windhoek, Namibia

C316 – ruschiorum v. ruschiorum 'nelii', nr. Cape Cross/Kaap Kruis

C317 – karasmontana ssp. karasmontana v. karasmontana 'mickbergensis', 15km NNE Grünau, Namibia

C318 – hallii v. hallii, 45km SSW Prieska

C319 – julii ssp. fulleri v. fulleri, 5km NE Pofadder

C320 – salicola, 10km WNW Luckhoff

C321 – salicola, 25km WNW Petrusville

C322 – salicola, 20km SW Luckhoff

C323 – julii ssp. fulleri v. fulleri, 25km SW Upington

C324 – julii ssp. fulleri v. rouxii, 55km W Warmbad, Namibia

C325 – aucampiae ssp. aucampiae v. aucampiae Kuruman form, 10km W Reivilo

C326 – dinteri ssp. multipunctata, 65km SE Warmbad, Namibia

C327 – karasmontana ssp. karasmontana v. karasmontana 'mickbergensis', 15km NNE Grünau, Namibia

C328 – karasmontana ssp. karasmontana v. karasmontana Signalberg form, 25km WNW Grünau, Namibia

C329 – karasmontana ssp. karasmontana v. lericheana, 70km N Karasburg, Namibia

C330 – karasmontana ssp. karasmontana v. lericheana, 70km N Karasburg, Namibia

C331 – lesliei ssp. lesliei v. lesliei, 15km SSE Pretoria

C332 – aucampiae ssp. aucampiae v. aucampiae Kuruman form, 5km NE Kuruman

C333 – aucampiae ssp. aucampiae v. aucampiae, nr. Griquatown/Griekwastad

C334 – aucampiae ssp. aucampiae v. aucampiae, 15km NNE Olifantshoek

C335 – hookeri v. hookeri Vermiculate form, 30km WSW Strydenburg

C336 – hookeri v. hookeri Vermiculate form, 45km SSW Prieska

C337 – hookeri v. marginata Red–brown form, 30km SE Douglas

C338 – hookeri v. marginata, 35km SE Hopetown

C339 – terricolor 'peersii', nr. Steytlerville

C340 – hookeri v. hookeri, nr. Marydale

C341 – lesliei ssp. lesliei v. lesliei Kimberley form, 20km NW Kimberley

C342 – lesliei ssp. lesliei v. lesliei, 10km NE Pretoria

C343 – lesliei ssp. lesliei v. lesliei, nr. Vanderbylpark

C344 – lesliei ssp. lesliei v. lesliei, nr. Orkney

C345 – terricolor, 30km WNW Prince Albert Road

C345A – terricolor 'Speckled Gold', 30km WNW Prince Albert Road

C346 – terricolor, 30km WNW Prince Albert Road

C347 – comptonii v. weberi, 70km SSW Calvinia

C348 – bromfieldii v. bromfieldii, 20km E Upington

C349 – julii ssp. julii, 45km SE Warmbad, Namibia

C350 – otzeniana, 40km NNW Loeriesfontein

C351 – salicola, 10km W Luckhoff

C351A – salicola 'Malachite', 10km W Luckhoff

C352 – lesliei ssp. lesliei v. lesliei, 45km E Pietersburg

C353 – salicola, 15km WNW Luckhoff

C354 – lesliei ssp. lesliei v. lesliei Kimberley form, 15km NW Kimberley

C355 – herrei, 65km NNE Oranjemund, Namibia

C356 – divergens v. amethystina, 45km NW Loeriesfontein

C357 – pseudotruncatella ssp. dendritica, 75km SW Rehoboth, Namibia

C358 – lesliei ssp. lesliei v. lesliei, 25km W Lombatse Botswana

C359 – lesliei ssp. lesliei v. lesliei Grey form, 115km SW Lombatse Botswana

C360 – marmorata v. marmorata, 35km NE Steinkopf

C361 – herrei, 30km NE Alexander Bay

C362 – bromfieldii v. insularis 'Sulphurea'

C363 – fulviceps v. fulviceps 'Aurea'

C364 – lesliei ssp. lesliei v. hornii, 45km SSW Kimberley

C365 – marmorata v. marmorata 'framesii', 60km NE Springbok

C366 – aucampiae ssp. aucampiae v. aucampiae, nr. Danielskuil

C367 – gracilidelineata ssp. gracilidelineata v. gracilidelineata, 150km NW Usakos, Namibia

C368 – bromfieldii v. bromfieldii, 25km SE Upington

C369 – karasmontana ssp. eberlanzii, 20km E Lüderitz, Namibia

C370 – karasmontana ssp. eberlanzii, 35km E Lüderitz, Namibia

C370A – karasmontana ssp. eberlanzii 'Avocado Cream', 35km E Lüderitz, Namibia

C371 – francisci, 35km E Lüderitz, Namibia

C372 – hallii v. ochracea, 15km SW Upington

C373 – gracilidelineata ssp. gracilidelineata v. gracilidelineata 'streyi', 25km SE Franzfontein, Namibia

C374 – gracilidelineata ssp. gracilidelineata v. gracilidelineata, 100km SE Usakos, Namibia

C375 – hallii v. hallii, 55km N Upington

C376 – terricolor 'peersii', 35km ESE Willowmore

C377 – comptonii v. comptonii, 70km NE Ceres

C378 – julii ssp. fulleri v. fulleri, 65km NE Springbok

C379 – terricolor, 60km E Prince Albert

C380 – ruschiorum v. lineata, 50km ENE Rocky Point, Namibia

C381 – pseudotruncatella ssp. pseudotruncatella v. pseudotruncatella 'alpina', 30km S Windhoek, Namibia

C382 – bromfieldii v. glaudinae, 70km W Griekwastad

C383 – gracilidelineata ssp. brandbergensis, Brandberg, Namibia

C384 – pseudotruncatella ssp. dendritica '?', 6km S Rehoboth, Namibia

C385 – gracilidelineata ssp. gracilidelineata v. gracilidelineata, 65km E Swakopmund, Namibia

C385A – gracilidelineata ssp. gracilidelineata v. gracilidelineata 'Ernst's Witkop'

C386 – ruschiorum v. lineata, 40km NNE Rocky Point, Namibia

C387 – ruschiorum v. ruschiorum, 8km N Rössing, Namibia

C388 – steineckeana

C389 – aucampiae ssp. aucampiae v. aucampiae 'Betty's Beryll'

C390 – fulviceps v. fulviceps, 30km NW Grünau, Namibia

C391 – fulviceps v. fulviceps, 25km NW Grünau, Namibia

C392 – aucampiae ssp. aucampiae v. aucampiae 'Storm's Snowcap'

C393 – bromfieldii v. glaudinae, 70km NW Griquatown, Namibia

C394 – gracilidelineata ssp. brandbergensis, Brandberg, Namibia

C395 – aucampiae ssp. aucampiae v. aucampiae, unknown, Northern Cape or North West

C396 – coleorum, nr Ellisras

C397 – hermetica, Tsaus Plateau, 140km SE Lüderitz, Namibia

C397A – hermetica 'Green Diamond', Tsaus Plateau, 140km SE Lüderitz, Namibia

C398 – karasmontana ssp. eberlanzii, 45km E Lüderitz, Namibia

C399 – karasmontana ssp. eberlanzii, 45km E Lüderitz, Namibia

C400 – karasmontana ssp. eberlanzii, 45km E Lüderitz, Namibia

C401 – karasmontana ssp. eberlanzii, 25km SE Lüderitz, Namibia

C402 – karasmontana ssp. eberlanzii 'Avocado Cream', 40km E Lüderitz, Namibia

C403 – olivacea v. nebrownii, nr Aggeneys

C404 – optica 15km, N Bogenfels, Namibia

C405 – karasmontana ssp. eberlanzii, 50km E Lüderitz, Namibia

C406 – gesinae v. gesinae, 80km SSW Matahöhe, Namibia

C407 – lesliei ssp. lesliei v. lesliei, 15km N Krugersdorp

C408 – karasmontana ssp. karasmontana v. karasmontana, 40km NE Ai–Ais, Namibia

C409 – karasmontana ssp. karasmontana v. aiaisensis, 30km E Ai–Ais, Namibia

C410 – amicorum, 75km SE Aus, Namibia

C411 – schwantesii ssp. schwantesii v. marthae, 75km SE Aus, Namibia

C412 – fulviceps v. laevigata, 90km NE Pofadder

C413 – pseudotruncatella ssp. pseudotruncatella v. pseudotruncatella, 100km W Windhoek, Namibia

Anhang B – Sektionen der Gattung Conophytum

Subgenus Derenbergia (tagblühend)

Sektion BILOBA

Conophytum bilobum (Type species)
- ssp. bilobum
- ssp. bilobum v. elishae
- ssp. bilobum v. linearilucidum
- ssp. bilobum v. muscosipapillatum
- ssp. altum
- ssp. claviferens
- ssp. gracilistylum

Conophytum chauviniae
Conophytm frutescens
Conophytum meyeri
Conophytum velutinum
- ssp. velutinum
- ssp. polyandrum

Sektion CYLINDRATA

Conophytum khamiesbergense
Conophytum reconditum
- ssp. reconditum
- ssp. buysianum

Conophytum roodiae
- ssp. roodiae
- ssp. corrugatum
- ssp. cylindratum
- ssp. sanguineum

Conophytum rugosum

Sektion HERREANTHUS

Conophytum blandum
Conophytum herreanthus (Type species)
- ssp. herreanthus
- ssp. rex

Conophytum jarmilae
Conophytum marginatum
- v. marginatum
- v. haramoepense
- v. littlewoodii

Conophytum regale
Conophytum semivestitum

Sektion MINUSCULA

Conopytum albiflorum
Conopytum auriflorum
- ssp. auriflorum
- ssp. turbiniforme

Conopytum bicarinatum

Conophytum brunneum
Conophytum bruynsii
Conophytum cubicum
Conophytum ectypum
- ssp. ectypum
- ssp. brownii
- ssp. cruciatum
- ssp. ignavum
- ssp. sulcatum

Conophytum fulleri
Conophytum irmae
Conophytum longibracteatum
Conophytum luckhoffii
Conophytum minusculum (Type species)
- ssp. minusculum
- ssp. aestiflorens
- ssp. leipoldti

Conophytum mirabile
Conophytum swanepoelianum
- ssp. swanepoelianum
- ssp. proliferans
- ssp. rubrolineatum

Conophytum tantillum
- ssp. tantillum
- ssp. amicorum
- ssp. eenkokerense
- ssp. heleniae
- ssp. inexpectatum
- ssp. lindenianum

Conophytum tomasi
Conophytum turrigerum
Conophytum violaciflorum

Sektion OPHTHALMOPHYLLUM

Conophytum caroli
Conophytum concordans
Conophytum devium
- ssp. devium
- ssp. striiferum

Conophytum friedrichiae (Type species)
Conophytum limpidum
Conophytum longum
Conophytum lydiae
Conophytum praesectum
Conophytum pubescens
Conophytum verrucosum

Sektion PELLUCIDA

Conophytum arthurolfago
Conophytum lithopsoides
 ssp. lithopsoides
 ssp. boreale
 ssp. koubergense
Conophytum pellucidum (Type species)
 ssp. pellucidum
 ssp. pellucidum v. lilianum
 ssp. pellucidum v. neohalli
 ssp. pellucidum v. saueri
 ssp. pellucidum v. terricolor
 ssp. cupreatum
 ssp. cupreatum v. terrestre
 ssp. saueri

Sektion SUBFENESTRATA

Conophytum concavum
Conophytum subfenestratum (Type species)

Sektion VERRUCOSA

Conophytum hermarium
Conophytum smorenskaduense
Conophytum vanheerdei

Sektion WETTSTEINIA

Conophytum bachelorum
Conophytum bolusiae
 ssp. bolusiae
 ssp. primavernum
Conophytum chrisocruxum
Conophytum chrisolum
Conophytum ernstii
 ssp. ernstii
 ssp. cerebellum
Conophytum flavum
 ssp. flavum
 ssp. novicium
Conophytum francoiseae
Conophytum fraternum
Conophytum globosum
Conophytum jucundum
 ssp. jucundum
 ssp. fragile
 ssp. marlothii
 ssp. ruschii
Conophytum kubusanum
Conophytum minutum
 v. minutum
 v. nudum
 v. pearsonii

Conophytum obscurum
 ssp. obscurum
 ssp. barbatum
 ssp. sponsaliorum
 ssp. vitreopapillum
Conophytum ricardianum
 ssp. ricardianum
 ssp. rubriflorum
Conophytum schlechteri
Conophytum taylorianum
 ssp. taylorianum
 ssp. ernianum
 ssp. rosynense
Conophytum wettsteinii (Type species)

Subgenus Conophytum (nachtblühend)

Section BARBATA

Conophytum depressum
Conophytum pubicalyx
Conophytum stephanii (Type species)
    ssp. stephanii
    ssp. helmutii

Sektion BATRACHIA

Conophytum armianum

Sektion CHESHIRE-FELES

Conophytum achabense
Conophytum acutum
Conophytum burgeri
Conophytum hammeri
Conophytum maughanii (Type species)
    ssp. maughanii
    ssp. armeniacum
    ssp. latum
Conophytum phoeniceum

Conophytum ratum
Conophytum subterraneum

Sektion CATAPHRACTA

Conophytum breve
Conophytum calculus (Type species)
    ssp. calculus
    ssp. vanzylii
Conophytum pageae
Conophytum stevens-jonesianum

Sektion CONOPHYTUM

Conophytum comptonii
Conophytum ficiforme
Conophytum joubertii
Conophytum minimum
Conophytum obcordellum
    ssp. obcordellum
    ssp. obcordellum v. ceresianum
    ssp. rolfii
    ssp. stenandrum
Conophytum piluliforme
    ssp. piluliforme
    ssp. edwardii
Conophytum truncatum (Type species)
    ssp. truncatum
    ssp. truncatum v. wiggettiae
    ssp. viridicatum

Conophytum uviforme
    ssp. uviforme
    ssp. decoratum
    ssp. rauhii
    ssp. subincanum

Sektion COSTATA

Conophytum angelicae (Type species)
    ssp. angelicae
    ssp. Tetragonum

Sekion SAXETANA

Conophytum carpianum
Conophytum halenbergense
Conophytum hians
Conophytum klinghardtense
    ssp. klinghardtense
    ssp. baradii
Conophytum loeschianum
Conophytum quaesitum
    ssp. quaesitum
    ssp. quaesitum v. rostratum
    ssp. densipunctum
Conophytum saxetanum (Type species)

Anhang C – Personen

In diesem Kapitel werden einige Personen aufgeführt, die die Pflanzen beschrieben haben und als Zusatz zu den Pflanzennamen oft auftauchen.

Carl Nilsson Linnaeus (1707–1778), auch Carl von Linné genannt, war ein schwedischer Naturwissenschaftler, der die Grundlagen der modernen Taxonomie (binominale Nomenklatur) entwickelte, das Linnésche System. Als Zusatz zu wissenschaftlichen Namen der von ihm beschriebenen Lebewesen kann sein Name mit L. abgekürzt wiedergegeben werden.

Berger, Alwin (1871–1931)
Bolus, Harriet Margaret Louisa (1877–1970)
Brown, Nicholas Edward (1849–1934)
Burgoyne, Priscilla; National Botanical Institute, Pretoria
Chesselet, Pascale; National Botanical Institute, Cape Town
De Boer, Hendrik (1885–1970)
Dinter, Moritz Kurt (1868–1945)
Hall, Harry (1906–1986)
Hammer, Steven; DER Spezialist für Mesembs - vor allem Conophyten - lebt in Kalifornien
Hartmann, Dr. Heidi (1942-); Botanisches Institut TU Hamburg
Haworth, Adrian Hardy (1768–1833)
Jacobs, Tom
Klak, Cornelia; University of Cape Town
Lavis, Mary (1903–1992)
Littlewood, Roy Charles (1924–1967)
Marloth, Rudolf (1855–1931)
Mitchell, Anthony
Pavelka, Petr
Rawé, Rolf
Schwantes, Gustav (1881–1960)
Smale, Terry
Thunberg, Carl Peter (1743–1828)
Tischer, Artur (1895–2000)

Des Weiteren stehen in den Fundortangaben oft Feldnummern, diese bestehen aus einem Namenskürzel und einer fortlaufenden Nummer. Im Folgenden sind einige der häufigsten Kürzel aufgeführt:

B&H – Barnhill & Hammer
DT – Derek Tribble
EvJ – Ernst van Jaarsveld
GFW – Gerhard Wagner
H – Heidi Hartmann
LAV – John Lavranos
PV – Petr Pavelka
SB – Steven Brack (Mesa Garden)
SH – Steven Hammer
TS – Terry Smale

Oft tauchen auch Nummern in der Form MG1420.34 auf, dies sind Katalognummern der Firma Mesa Garden. Diese Gärtnerei hat das umfangreichste Samenangebot an Mesembs weltweit, bis vor einiger Zeit konnte man diese Kataloge als Nachschlagewerk benutzen und die Pflanzen waren mit dieser Nummer identifizierbar. Leider geht das Angebot an Samen zurück und die Nummern werden in der letzten Zeit neu vergeben.

Quellennachweis

COWLING, R. & PIERCE, S. (1999): Namaqualand – a succulent desert. – Fernwood Press, Cape Town.

HAMMER, S. (1993): The genus Conophytum, a conograph. - Succulent Plant Publications, Pretoria

HAMMER, S (1995): Notes on some South African Succulents. –Piante Grasse Speciale 1995

HAMMER, S., JÜRGENS, A., OPEL, M., RODGERSON, C., SCHMIEDEL, U., & SMALE; T. (2002): Dumpling an His Wife, New views of the genus Conophytum. - EAE Creative Colour Ltd., Norwich

HARTMANN, H.E.K. (1998): Groupings in Ruschioideae (Aizoaceae). Mesemb Study Group Bulletin. 13: 35-36

HARTMANN (Ed.) (2002): Illustrated handbook of succulent plants. Aizoaceae. – Springer-Verlag, Berlin, Heidelberg, New York

HEINE, R. (1986): Lithops-lebende Steine. – Neumann Verlag, Leipzig, Radebeul

HERPICH, WERNER B. (2004): „Ist der CAM (Crassulacean acid metabolism) eine Anpassung an Trockenstress?" Schumannia 4 Biodiversity & Ecology 2: 207-215

KLAK, C., BRUYNS, P. V. & HEDDERSON, T. A. J. (2007). A phylogeny and classification for Mesembryanthemoideae (Aizoaceae). – Taxon 56(3): 737-756.

SCHMIEDEL, U. & ETZOLD, S. (2007): Gefährdung und Wiederherstellung ungewöhnlicher Vegetationstypen in der Sukkulenten-Karoo in Südafrika. – Kakt. and. Sukk. 58(7): 175-181

SMITH et al. (1998): Mesembs of the World. Briza Publications, Pretoria

SUPTHUT, D. J. & EGGLI, U. (1995): Lebende Steine – Lithops. – Mitteilungen aus der Städtischen Sukkulenten-Sammlung Zürich 54

WYK, A. E. VAN & SMITH, G. F. (2001): Regions of Floristic Endemism in Southern Africa. A review with emphasis on succulents. – Umdaus Press, Hatfield.

Index